孝为德之本　孝为教之源　百善孝为先

人生必修：孝道十八课

用孝行净化心灵　用孝行唤醒良知

范基公 编著

北京日报报业集团
同心出版社

图书在版编目（CIP）数据

人生必修：孝道十八课／范基公编著．—北京：同心出版社，2009
ISBN 978-7-80716-798-3

Ⅰ．人…　Ⅱ．范…　Ⅲ．孝—传统文化—研究—中国　Ⅳ．B823.1

中国版本图书馆 CIP 数据核字（2009）第 061442 号

人生必修：孝道十八课

策　　划：宛振文　　**责任编辑：**宛振文　张秉文
装帧设计：郭　丽　　**责任印制：**王　进

出版发行：同心出版社
地　　址：北京市东城区朝阳门南小街 6 号楼 303
邮　　编：100010
电　　话：发行部：（010）65255876　65251756
总编室：（010）65252135
网　　址：www.bjd.com.cn/txcbs/
电子邮箱：tongxinpress@gmail.com
印　　刷：北京雅艺彩印有限公司
经　　销：各地新华书店
版　　次：2009 年 6 月第 1 版
2010 年 6 月第 3 次印刷
开　　本：787×1092　1/16
印　　张：10.75
字　　数：163 千字
定　　价：16.00 元

序

李　奕

中华文化以其博大精深、内涵丰富的思想体系，包容共生的民族特色，成为世界文明史上绵延五千年而经久不衰的精神财富。

以修身立德、齐家治国为要旨的“孝道文化”，是中华民族人文精神的基本内涵，几千年来激励广大青少年关注民生、兼善天下的济世情怀。

长幼有序、知恩图报的伦理道德准则，是维系社会秩序和人伦纲常的纽带。“天地之性，人为贵。人之行，莫大于孝”的以人为本，以德立身的思想；“教民亲爱，莫善于孝”，“爱敬尽于事亲，而德教加于百姓”的爱民、亲民、为民的思想；“教民礼顺，莫善于悌；移风易俗，莫善于乐”的教育思想；以及“爱亲者，不敢恶于人；敬亲者，不敢慢于人”的公共道德思想等，在现代社会仍闪烁着智慧的思想光芒。对于当前的中小学生来讲，更是必不可少。

范老师是我从教时的老师，对教育有着独到而又深邃的感悟，对我的影响也尤其深远。《人生必修：孝道十八课》倡导“学一条语录，做一件孝行”，始终贯穿着“知行统一”的教育观，应该是每一位学生、教师，包括家长需要的一本书。

2009 年 4 月 6 日

前　言

在传承和弘扬中华传统美德的教育中，孝道教育越来越引起重视。孝亲敬老的动人事迹日益增多；孝道正逐步成为评价学生、招聘人才和选拔干部的标准；有识之士已呼吁把孝道教育列入学校教程。在中小学如何进行孝道教育，是一个需要大力加强研究的课题。

自2004年起，笔者参加了中国人民大学孔子研究院举办的各届“孔子文化月”活动和相关工作；策划、参与编辑出版了旨在倡导每天学习经典的中英文对照的《国学365》一书；参与了多次经典文化研究和讲学工作。从2006年起，笔者着力进行孝道教育的学习和研究，潜心学习《论语》、《孝经》中有关孝道的论述和历代《劝孝文》，并在《当代家庭教育报》上开设了“范老师谈孝道”专栏，连续发表心得。同时，还应邀到学校和社区讲课，传播孝道，以求得到更多志士仁人的指导和帮助。令人欣慰的是，孝道教育得到众多人的赞同，在这个过程中笔者也学习到了基层和家庭孝道教育的可贵经验。对此，《北京娱乐信报》、《新京报》先后予以报道。

在最近两年多的时间里，笔者一直在与重视国学教育的不少学校的领导和教师研究可操作性的孝道教育，希望能编出一本既能学习孝道理论，又能指导孝行的读本。依此思路，笔者编写了《人生必修：孝道十八课》一书，为学校、家庭、社会进行孝道教育提供教学读本。

从2008年开始，北京市东城区妇联率先开展了“孝道教育的研究与实践”课题研究，以《人生必修：孝道十八课》（节选本）作为东城区家庭教育德育读本，开办了“孝道教育大讲堂”，在社区推广孝道教育取得明显效果。东城区妇联在孝道教育和本书的推广上起了开拓性的先导作用。

本书内容包括：经典孝道语录；孝道学习心得；躬行孝道举例；孝道感悟日记（读者自己写）。如作为校本教材，本书内容可按周排列，学习和躬行孝道十八周。如定为选修课，可每周安排一至二节，十八周正好一个学期。亦可作为班级或年级一个学期的主题教育活动。

本书是家长教子必读，教师育人必备，青少年立身必修的德育读本。《人生必修：孝道十八课》，不仅能使每一个中小学生受到一次孝道教育的心灵洗礼，而且对已身为人父人母的成年人也是必需的孝道补课。

> 子曰："君子务本，本立而道生"，"夫孝，德之本也，教之所由生也"。"百善孝为先"。《大学》曰："自天子以至于庶人，一是皆以修身为本"。做人以修身为本；修身以孝道为源。孝德是评价人的第一标准。把孝德放在修身的首位，自然会大大增强德育的实效。

为使本读本能在学校中应用，应在确定主讲教师后，先进行师资培训。条件具备时，可在一个或几个教学班试点。

应用本书时，应采用适合青少年的多种教学方式，比如播放山东电视台《天下父母》栏目编辑的声像资料，学唱表达孝心的歌曲，举办孝道书画展，组织孝道主题班会，评选孝星等。

耳顺之年学经典，痴心未觉桑榆晚。
《论语》半部通天下，《大学》一篇照人寰。
教坛有法爱为本，文海无涯情随缘。
惟有孝道成至美，化着丹心映河山。

笔者不顾才疏学浅，将所学、所写汇集成册，意在做孝道教育的"马前卒"。恭请各位专家、同仁教正。

范基公
2008年3月18日
于领秀硅谷

目　录

课程篇

教道入心　养性修身

案例篇

孝行天下　德满人间

课 程 篇

教道入心　养性修身

第一课

孝道是人生修身的起点

子曰："夫孝，德之本也，教之所由生也。"

——《孝经》

【释义】

孝道是一切德行的根本，是教化产生的源头，教育是从这里产生的；可以说，无孝不成教。

演讲　德育为首　孝道为先

中华传统文化经典之一《大学》开宗明义："物有本末，事有终始。知所先后，则近道矣。"它启迪我们，认识事物的规律必须懂得根本和顺序。

在学校和家庭教育中，我们都明确了"育人为本，德育为首"。那么进一步问："在德育中孰为先呢？"很多人会立即回答说，当然是热爱祖国了。这是不容置疑的。岳母刺字传为千古美谈，"精忠报国"是中华传统美德之灵魂。但是，爱国主义情感和信念的培养，从儿童少年到长大成人是一个过程。没有先，就没有后。

古人云："百善孝为先。"《大学》曰："大学之道，在明明德，在亲民，在止于至善。"一个人的道德要达到至善的境界，必须以孝亲敬老为起点。很难设想一个不孝敬父母的人，能精忠报国。只有有孝心孝行的人，才有可能修养成为"大人"。"一屋不扫，何以扫天下？"不行孝道，何以行千里？

汉字是中华文化的基因，是民族智慧的结晶。认识每一个汉字的本义，有助于我们在根本上认识事物的规律。从教育的"教"字的本义来分析，我们更能受到启迪。"教"字的核心是"孝"。显然，无孝不成教。孔子说："夫孝，德之本也，教之所由生也。"应当说，教育的使命就是传播孝道的文化。

教育就是年长的一代把自己的信念和经验传给下一代。如果我们的教师，我们的家长给学生和孩子讲了很多道理，而没有传播孝道，那就是最大的失职。如果我们没有把孝道放在德育的起点，就是舍本逐末，会事倍功半或事与愿违。

孝道能激发孩子的学习动力，孝道能在孩子的心理上筑起一条防止步入歧途的防线，孝道能在深层次上启迪孩子的智慧。如果我们能把孝道作为育人的起点和基石，那么我们的德育就会更有人情味，更生动活泼，更有实效。

演讲　孝道教育　迫在眉睫

据《中国老年报》报道，黑龙江省人大代表翟玉和自费筹资10万元，组织7个志愿者，耗时50天，对全国31个省区的46个县（市、区）72个村的60岁以上（与子女分居）老人的养老现状进行了实地调查，行程5.2万公里，调查涉及人员10401人。调查结果令人担忧。

父母认为儿女对自己孝顺的占18%；父母认为儿女不孝的占30%；52%的儿女对父母的感情“麻木”。有的与父母住在一个院落，但一年说不上几句话，有的儿女非过年不登门，登门时少的只给父母5元钱，而且一年就这么一回。

在这次调查中看到的普遍情况是，吃得最差的是老人，穿得最破的是老人，小、矮、偏、旧的房屋里住的是老人，在地里干活和照看孙辈的是老人。一些老人不是村里的“五保户”，也不是民政部门的救济对象，却因为儿女的不孝，成了“三不管”，生活境况反倒不如无儿无女的老人。

看到这篇发在头版头条的消息（2006年2月14日），不禁使人震惊：我们的后代怎么了？千百年来，农村是最讲孝道的地方，而今却少见老有所养的天伦之乐。可以说，孝道不仅在农村，在城市的一些家庭，甚至有过之而无不及。孝道正在普遍地、严重地丧失。

警醒吧！我们的教育。一百年来的半个世纪以上的时期，社会上占主导的是阶级教育。“亲不亲，阶级分”，长期的阶级分析意识，教导青少年要与家庭“划清界限”。孝亲敬老被认定为封建主义流毒。学校中开展的多是学习英雄模范的班会、队日、团日，评选的是“三好生”，却从未评选过“孝子”。中华民族的传统美德中，关于孝道的经典论述，被尘封，使一代又一代人感到陌生和困惑。在十年动乱中，家庭中的“内战”达到了巅峰。流毒尚未肃清，拜金主义又严重腐蚀了下一代的头脑。为金钱、为享受，儿女虐待、残害、谋杀父母的罪恶屡见报端，触目惊心，令人发指。这都是孝道教育丧失的恶果。

社会上普遍认为国人都缺钙，补钙产品广告铺天盖地；笔者认为，当今国民普遍的是缺孝，应大力倡导全民补孝。“孝”可谓儿女之“钙”也。

近年来，孝道教育已越来越引起重视。学习经典文化，传承中华美德的教育方兴未艾。“孝敬父母，珍爱生命”的教育显现成效。孝亲敬老的模范人物开始受到表彰。但孝道教育刚刚回归与升华，任重道远。

马上行动——为母亲梳一次头

孝行日记

年 月 日 星期 天气

第二课

“孝德”是评价人的第一标准

子曰：“天地之性，人为贵；人之行，莫大于孝。”

——《孝经》

【释义】

世上万物禀受天地之气以成形，人又承接天地之理以成性，所以，天地万物之中，人最尊贵、最聪灵。人的行为，再没有大过孝的德行了。

演讲 “孝德”是评价人的第一标准

无论是学校教育、家庭教育，还是社会教育，要增强德育的实效，首先都要明确培养、考核、评价人的标准。那么，什么是第一标准呢？近日，笔者从一所幼儿园招聘教师的做法中，得到有益的启示。

他们挑选新教师时，面试的第一关是“孝德”。他们设置了如下问题：

（1）你知道自己父母的生日吗？分别是什么日子？父母生日当天，你给父母做了什么？

（2）你周末或假期回家给父母做过饭吗？做过多少次？都做过哪些菜？

（3）你给父母洗过衣服吗？洗过多少次？

（4）你平时怎样问候父母？具体帮父母分担过什么忧愁？

（5）父母最大的心愿是什么？最担忧的是什么？最快乐的是什么？

（6）父母最喜欢的一首歌是什么？父母最爱吃的一道菜是什么？

（7）你最让父母感动的一件事是什么？

（8）你平时为兄弟姐妹做了些什么？你对他们影响最大的一件事是什么？

通过第一关“孝德”，第二关“业务”，第三关“才艺”，他们从100名师范毕业生中，挑选出5名优秀者。他们的人才招聘体现了“孝德”为首，招到了“德才学识”俱佳的人才。当然，仅仅在面试中靠回答问题，并不能完全、真实地考察出“孝德”的高低。考察方式还待不断完善，但这种考察方式，却是一大进步。它明确宣告：“孝德”是评价人的第一标准。这一理念将对学校、家庭、社会的德育产生积极的影响。

谈到“孝德”，不禁使人想起童年时代在北京四合院的生活。上世纪50年代，民风淳朴；四合院内，邻里和睦。最可贵的是对人的评价以“孝德”为首，看人、看孩子首先看他孝顺不孝顺。孝顺的大家敬重、亲近他；不孝的大家鄙视、唾弃他。

“孝德”是人的孝心、孝行体现的品德，它是家庭伦理、职业道德、社会公德的根基。“孝德”高尚，无论居家、谋职、进入社会，都遵从“老吾老，以及人之老；幼吾幼，以及人之幼”的仁爱之心待人处世，行尊老、敬长、睦族、报国之人生正道，必能促进事业有成。正如孔子所说：“君子之事亲孝，故忠可移于君；事兄悌，故顺可移于长；居家理，故治可移于官。是以行成于内，而名立于后世矣。”

以“孝德”为培养、考察、评价人的第一标准，对教育后代、招聘人才、考核干部都有重要意义。对“孝德”高尚的先用、重用，对“孝德”低劣的无论评优、录用、提拔都可“一票否决”。

形成这样的社会风气和法规，对培养真正的人和构建和谐社会都具有深远的意义。

演讲　把颠倒的“孝道”再颠倒过来

当今，在很多家庭中“孝道”被颠倒了。生了儿子，父母变成了“儿子”；得了孙子，祖辈变成了“孙子”。其中，相当多的长辈，心甘情愿地为儿孙做牛马。他们认为就一个孩子，我不需要儿女的孝道，我要为孩子创造最好的生活。溺爱和过度保护围绕着孩子，他们不知道正在为自己的后代酿造着苦果。

一位温州的老板给北京的心理咨询教授打来电话说，他已为儿子买了房子、汽车，儿子就是不好好念书，怎么办？在交谈中，教授说了一句话，让老板冒了一身冷汗：“将来你们这些老板的孩子，很可能为现在的打工子弟打工。”逆境成才，溺爱败家，这真是发人深省的警世之言。

这不由得使人想起《触詟说赵太后》这篇文章。赵太后新掌国政，秦国赶紧出兵攻打赵国。赵国的人到齐国去求救兵。齐国说：“必须把长安君做人质，才能出兵。”（长安君是赵太后的小儿子）为国家安危计，大臣们极力谏劝，赵太后就是不答应。左师官触詟再次进谏。他从自己的儿子说到太后的女儿，太后把女儿嫁到燕国为后，并在每逢祭祀的时候，祷告：“望她千万不要回来。”这不正是希望她的子子孙孙接续做王吗？接着，触詟阐明造福子孙后代的理念应是：“父母之爱子，则为之计深远。”如果让孩子坐享其成，不趁年轻时为国家建功立业，“位尊而无功，奉厚而无劳”，不出三代，家族就要衰败 。同时，孩子将面临危机：“近者祸及身，远者祸及子孙。”触詟高瞻远瞩，说得入情入理，赵太后当即答应了。随后，齐国的救兵就到了。这篇文章流传千载，堪称家庭教育的经典，值得我们反复学习、品读。

要把颠倒的“孝道”再颠倒过来，做父母的要为儿女的后代着想，要有危机感。父母教育子女不能只看一代，至少要看出三代。有人说，培养贵族气质要经过三代人的熏陶。看来，文化传承要历经三代，这里有规律性的东西值得我们深入探讨。孩子如果没有生存能力，一代就会衰败。现在，我们耳闻目睹的溺爱误子的家庭悲剧还少吗？

要把颠倒的“孝道”再颠倒过来，可以先从过生日做起。把“小寿星”和“老寿星”颠倒过来。我们应倡导变为，最隆重的应是儿女晚辈为长辈、祖辈过生日。同时，在家庭生活中要注重细节。比如，我的一位作家朋友的“家规”中就有，家中吃饭时，第二碗饭必须由晚辈给长辈盛。这一具体的行为规范，有利于孩子把孝心落实到行动上，促使日日有孝行。

为“孝道”正位，正是找到了孝道教育的健康的生长点。

马上行动——给母亲剪一次指甲

孝行日记

年　月　日　星期　天气

第三课

孝道教育是感恩教育的起点

子曰:“今之孝者,是谓能养。至于犬马,皆能有养。不敬,何以别乎?”

——《论语》

【释义】

当今讲孝,说是指能在生活上赡养父母。是这样吗?至于家中的犬马,全能得到饲养,如果儿女没有孝敬之心,那么,和动物能有什么区别呢?

演讲 孝道教育是感恩教育的起点

在西方国家，每年11月份的第4个星期四，是一个独特的节日——感恩节。在这一天，人们会以各种方式对自己的国家、社会、亲人、朋友、同事表达感激之情。这一节日也向一代一代后人的心田播撒感恩的种子。

近年来，西方的不少节日传入了我国，应该说感恩节是最有意义的。感恩节对我们的学校教育、家庭教育、社会教育都有启迪。在素质教育中，要求把情感、态度、价值观教育贯穿于各学科教学和各种学校活动中；而感恩教育恰恰正是融情感、态度、价值观教育于一体的。应当说，感恩是人生的第一情感。不懂得感恩，就连禽兽都不如。一个人对社会充满感恩之心，能“滴水之恩，当涌泉相报”，这样的人生态度，必然会拥有“奉献多于索取”的价值观。

在家庭，每个人首先应向自己的父母、祖辈表达感恩之情。“身体发肤，受之父母”，人生在世，首先应报答父母的养育之恩，这是天经地义的事。对父母、祖辈的感恩应贯穿每个人的一生，体现在生活的各个方面。这就是中华传统美德千百年来代代相传的孝道。一个人真正懂得对他人、对社会、对国家的感恩是从懂得孝道开始的。一个对生身父母都不尽孝的人，怎能对他人心怀感激之情？归根到底，孝道教育就是感恩教育。在感恩节这一天，每个人都应首先向生身父母表达真挚的感恩之情。

应该说，孝道教育正是感恩教育的起点。一个人真正拥有了孝心，践行了孝道，从对父母的感恩推而广之，“老吾老以及人之老”，自然能尊敬其他老人、尊师敬长、爱友乐群，常怀感恩之心，常乐感恩之行。最近，报载了多篇报道，说的是坚持几年，甚至十几年寻找恩人的催人泪下的故事。这样的事例，是提升社会的道德水平的营养剂。

感恩教育能使人构建高尚的、快乐的精神世界。懂得感恩的人，总觉得自己对长辈、对师长、对亲友、对社会、对世界做得不够，甘于奉献，乐于助人。这样的心态，能使人平和、愉悦、快乐。心态决定精神。感恩的心态是人生快乐、幸福的源泉。比尔·盖茨满怀深情地说：“对于这个世界，我们不应该有过多的苛求，而应抱着感恩的态度。所以，每年的感恩节，对于我来说都是一个非常快乐的日子。因为在这一天，我发现，原来世界上有这么多善良的人和美好的事物。”他在一次慈善会议上呼吁：感恩节应该得到普及，它不应该仅仅限于某一天。我们应该把生命中的每一天都当做感恩节，天天都要感恩，向所有人感恩。只有这样，我们的世界才是一个真正适合人类生存的天地。

演讲　孝道教育是学校和家庭文化建设的原点

近日获悉，通州二中正在开展为期三个月的“孝赢天下，爱筑和谐”的主题教育活动，很兴奋。该校的教育理念和主题教育策划与笔者的构想相当一致。

该校对孝道教育认识高、活动成系列、知行统一，3000 多名师生正在创造青少年德育的新经验。

他们认为，孝道教育进一步拓展和延伸了德育渠道，有益于青少年健康成长，有益于社会风气的好转，有益于弘扬中华民族传统美德。主题教育活动分为“知孝、行孝、评孝、推孝”四个阶段进行，最后学校要评选“孝娃、孝妞”和“严父、慈母”。在学生中倡导“自己事情自己办，家务劳动帮着干，艰苦朴素少花钱，批评教育不顶撞”等孝敬父母 10 条要求。他们还使校园成为“孝园”，设置了“孝爱双心”纪念碑和“孝心文化景观园区”、“孝心文化展览”。他们的教育活动已初见成效，学生的孝心和孝行都在日益提升。

该校的教育活动覆盖了学校和家庭，为学校和家庭的文化建设提供了新的经验。

前不久，一所学校请了几位专家指导学校文化建设，在策划会上，笔者着力论证了“孝道教育是学校和家庭文化建设的”原点的教育理念。自然，学校文化建设应包括数字校园、人文校园、生态校园、安全校园等诸方面，但要用心探索将这些校园功能融为一体的原点，才有创新思维的特色。

老子从哲学上阐明：“道生一，一生二，二生三，三生万物。”道是宇宙万物的本原。道始生者一，一即是道。我们研究任何事物，都应先找到“一”，才有以后的认识。研究德育，“一”是什么？孔子说：“夫孝，德之本也，教之所由生也。”显然，孝是道德的基础，教是由孝产生的，无孝不成教。应当明确指出：孝是德育的“一”，有孝才会有德育的“二、三……”老子的这一哲学思维，正应成为我们构想和实践学校和家庭文化建设的指导理论。

青少年德育面临的各方面问题，都可以以孝道教育为原点开展教育工作。当代的学生普遍存在着“只知受惠，不知感恩；只知索取，不知奉献；只知攀比，不知回报”的问题，而孝道教育进行的正是学会感恩，懂得责任，回报社会的奉献教育，既抓住了做人的根本，又有很强的教育针对性。以此为原点，德育的内容、途径、方法都会取得实效，并不断得到提升。

通州二中的校训是“知感恩、懂负责、会选择、爱生活”，这一把感恩放在第一位的育人理念，正是以孝道教育为原点的升华。

以孝道教育为原点，学校和家庭的文化建设相互融合，相互促进，无论从教育内容，还是教育方式上，都会更加丰富多彩。

马上行动 晚上给父母各倒一杯水

孝行日记

年 月 日 星期 天气

第四课

感念父母恩　回报三春晖

孝，善事父母者。

——《说文解字》

【释义】

善于侍奉父母就是孝。善于，就要善解人意，要知道父母之所想，所虑。尽孝，应包括孝身、孝心和孝志。

演讲 感念父母恩 回报三春晖

听说，在香港搞过一次问卷测试：“你最喜欢哪一首唐诗?”结果，不是李白、杜甫的，而是孟郊的《游子吟》名列榜首。这首吟诵母爱、脍炙人口的名篇，千古传诵，诗短情长。

《游子吟》诵道：“慈母手中线，游子身上衣。临行密密缝，意恐迟迟归。谁言寸草心，报得三春晖?”

在这首诗中，慈母的爱子之情，儿女的孝道之心，表达得朴素自然，亲切感人。“寸草”比喻儿女，“春晖”象征母爱。对春天阳光般的、厚博的母爱，区区小草怎能报答于万一呢?

我曾和自己的学生说过：即使你将所有的数学公式都遗忘了，但在心中要永远记住一个不等式，那就是母爱永远大于孝心。无论何时、何事，你永远报答不完母亲的深恩。

一位区图书馆的馆长在和我研究孝道教育时，谈到他孝行的由来。在一次区级干部会上，区长问：“每个人回去看一看，是你住的房子好，还是你父母住的房子好?”他很受触动，会后，他立即着手筹划为父母重新装修了房子。这位区长以孝德为报告的重要内容，值得赞扬，也告诉我们孝道教育不仅限于家庭、学校和青少年。

一位在工作上十分敬业的教师，向我阐述她的孝道观：“我一直认为，真正的孝顺，是儿女要把父母放在心里。不让父母生气，不让父母操心，把父母可能面临的问题提前安排好，并在他们需要的时候，在他们的身边，满足他们的需求。”这段话质朴而又精辟。她强调了儿女尽孝的三个要素：一是“精神赡养”，二是“关爱提前”，三是“需求到位”。

在《论语》中，子夏问孝，子曰：“色难。”就是说，子女侍奉父母能经常和颜悦色，是件难事。所以，老百姓总是把“孝”和“顺”连在一起，说“顺者为孝”。“精神赡养”的基本要求就是要让父母省心、顺心、开心。“关爱提前”，就是在尽孝时，要把事情想到前面、做到前面。“需求到位”就是在父母需要的时候，儿女能守候在他们的身旁，满足他们的生活和心理需求。

总之，回报三春晖的孝心、孝行就是要体现在家庭点点滴滴的日常生活中，儿女应把父母放在心上，把孝行做在前边，成为关爱父母的“及时雨”。

感念父母恩，回报三春晖，作为儿女应懂得：行孝，不仅是“付出”，更重要的是“获得”。在尽孝心、行孝道的过程中，你懂得了感恩，懂得了责任，懂得了主动关心别人，懂得了做人的道理。子曰：“夫孝，德之本也，教之所由生也。”告诉我们：孝道是道德的根本，孝道是一切教育的源头。儿女行孝就是人生最基础的自我教育。这种自我教育，使人以孝修身、以孝齐家、以孝治国，从而达到自我完善，为社会做出有益的贡献。

演讲　《弟子规》滋润两代人的孝心

近年来，很多小学、幼儿园都带领孩子诵读《弟子规》。那么，《弟子规》是不是只适合儿童、少年学呢？一位家长学习《弟子规》的收获能使人有新的认识：她带女儿读《弟子规》，每当念到“亲爱我，孝何难。亲恶我，孝方贤”时，内心总是不平静，终于下决心要改变对婆婆的不好态度。她从虚心向婆婆学做面食开始，改善婆媳关系，真取得了好的效果。学习、践行《弟子规》，去除了她几年的心病，她体验到获得新生的感觉。

这样的事例还有不少，而孩子们学习《弟子规》后的动人故事更多，可以看出《弟子规》正成为滋润两代人的经典孝道教材。

《弟子规》的道理出自《论语·学而篇》第六章，编写成的“总叙”是：“弟子规 圣人训 首孝悌 次谨信 泛爱众 而亲仁 有余力 则学文”。阐明了在家出门、待人接物、求学做事、为人处世等多方面的礼仪和行为规范。首先在日常生活中，要做到孝顺父母，友爱兄弟姐妹。其次在一切日常生活中，言语和行为要小心谨慎，重信誉。和大众相处时，要平等博爱，并且要亲近有仁德的人，向他学习。这些都是很重要非做不可的事。如果做了之后，还有多余的时间和精力，就应该好好学习六艺等其他有益的学问。

《弟子规》特别注重家庭教育和生活教育，是孝道教育的经典教材。一个人要修身，做到“入乎规矩，出乎规矩”，主修的第一门课，就应选《弟子规》。学习《弟子规》有六个要素：“读、背、做、唱、舞、传播”，其中“做”是核心。他们正在深入研究各个年龄段的儿童的具体行为规范，使《弟子规》在新时代进一步焕发生命力。

以《弟子规》教育为起点的孝道教育，不仅会滋润代代人的孝心，而且会有力促进和谐家庭和和谐社区的建设。

马上行动——为父母和长辈盛饭

孝行日记

年 月 日 星期 天气

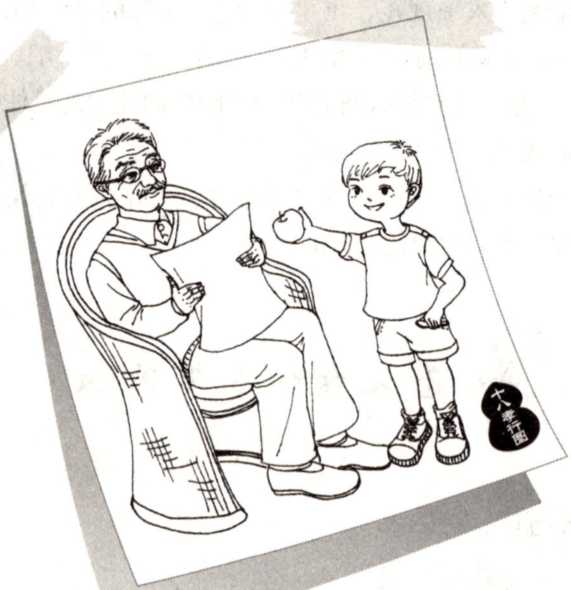

第五课
传承孝道　先学《孝经》

子曰："夫孝，天之经也，地之义也，民之行也。"

——《孝经》

【释义】

孝道与天地同源。覆帱万物为天之经，承顺万物为地之义。天经地义是世间最根本的法则。父母为儿女的天地，尽孝道，自然是天经地义的事。父母生育了儿女，儿女应当尽孝，难道这还需要论证吗？这是每个人都应做的事。

演讲 传承孝道 先学《孝经》

最近，读到齐白石大师的教子故事。他的儿子齐良迟请父亲为他题写斋名。白石老人语重心长地说：“就叫‘补读斋’吧，你书念得太少，还得补读啊！”我们的家长们也真应该补读啊！

现在干什么都要考证，唯独当父母不用考证，生下孩子就掌握了教育大权。有识之士提出，应当在政府认可的家长学校毕业，才能取得生育权。也许在相当远的将来，才能实现这一教育理想；在当下，切实可行的是通过“补读”和多种途径提高家长的人文素养。

中国传统文化教育的断代，使两三代人没能学到国学经典。为传承孝道，已身为人父、人母的家长们，应先补读《孝经》。

《孝经》是孔子的弟子记录的孔子关于孝道的经典著作。该书共十八章，对于孝道的定义，孝道的社会功能、教育功能，从孝知到孝行，以及如何行“义孝”，都有精辟的论述。

《孝经》开宗明义地指出：“夫孝，天之经也，地之义也，民之行也”，“人之行，莫大于孝”。孔子启示后人：孝道是天经地义的事，是人生第一课、人生第一大事。

孔子认为孝道是“至德要道”。行孝道“以顺天下，民用和睦，上下无怨”，显示出孝道强大的社会功能：构建和谐。孝道行，则社会和谐，家庭和睦，生活和美。

《孝经》阐明了孝道与教育的关系：“夫孝，德之本也，教之所由生也”，即孝道是一切德行的根本，是一切教化产生的源头。应该说，无孝不成教。身为教师，身为人之父母，如果不进行孝道教育，就是没有尽到天职。

孝道教育是做人的教育。切实躬行孝道，在生活上能“谨身节用，以养父母”，在人生志向上能“立身行道，扬名于后世，以显父母”，则这个人的品德在孝亲敬老、忠于职守、报效祖国等各方面都会一脉相承的。显然，孝道是学做正人君子的起点。

《孝经》从人生的各个方面、各个阶段讲解了儿女如何尽孝。包括物质上的赡养和精神上的赡养，特别指明，如果没有发自内心的孝敬，做到“居则致其敬，养则致其乐”，只局限在物质赡养上，是和动物没有什么区别的。这在当今社会是颇有针对性和警世作用的。

特别需要指出的是，《孝经》并不主张“愚孝”，而提倡“义孝”。在“谏诤章第十五”中，阐明：孝并不是指的对父母绝对的顺从，如果父母有失礼仪之事，孝子一定要诤言直谏。这才算是“义孝”。“父有诤子，则身不陷于不义”。多少年来，很多人并没有认真读《孝经》，人云亦云地认为孔子提倡愚孝，实在是需要正本清源的。

当然，随着社会的进步，《孝经》中的某些观点，不能简单照搬，但这部经典的核心、基本精神是永恒的，是要代代相传的。

演讲　亲子同读“劝孝文”

孩子从识字开始读书，逐渐读过童话、诗歌、散文、小说等文学作品，又读过史学、哲学、科学等著作，从中文读到外文。但我们会发现，几乎很少有人曾读过“劝孝文”类的文章。不仅一代代的孩子没有读过，就是一代代的爷爷、奶奶、姥爷、姥姥、七大姑八大姨们，往往也未曾读过。这是由于中华传统文化孝道传承的多年断代造成的。

千百年来，在中华传统文化古籍中，有一类文章是“劝孝文”。“劝孝文”情真意切，规劝世人孝亲敬老，成为孝道教育的必读教材，代代相传。当今，在中华传统文化日益复兴的新时期，父母和儿女同读“劝孝文”，感悟孝道的真谛，身体力行，应是家庭教育中要加入的重要内容。

在新年伊始，望亲子熟读精思《文昌帝君元旦劝孝文》。此文开宗明义，直指人心，“帝君垂训曰：今日是元旦，为人间第一日，吾当说人间第一事。何谓第一事？孝者百行之原，精而极之，可以参赞化育，故谓之第一事。赤子离了母胎，在孩抱时便知得，故谓之第一事。舍此一事，并无功业。舍此而立言，则为无本之言。舍此而能功盖天下，到底不从性分中流出，必作伪以欺国，负本以灭身。”

“天地是孝德结成，日月是孝光发亮。孝之道，言不可得而尽也”。文中入情入理地分析，为人子者事富贵、康健、具庆之父母易，而事贫贱、衰老、寡独之父母难。使我们认识到，只有在父母贫贱、衰老、寡独时，才能真正显出孝心。

文章最后发出感慨：“呜呼，试问身从何来，亲为生我之本。孝为何事，人所自有之心。见我此章，而不动心者，非人也。见我此章，而不坠泪者，非人也。逆子忤媳，见我此章，而不化为孝子顺妇者，与禽兽何异，人人得而诛之者也。”

熟读和精思“劝孝文”，应认识和感悟以下“四个第一”：

人生在世，要把孝敬生身父母放在第一位。无论父母是何种处境，都痴心不改，从一而终。

做人、做事，要把孝道放在第一位。以孝修身，以孝交友，以孝齐家，以孝立业。

认识、评价人和事，要以孝道作为第一标准。评价学生和考察干部，第一项就应是看孝道如何。孝心和孝行差的，“一票否决”。

反思自省要把孝道作为第一内容。如有不孝之言行，要“动心”、“坠泪”，悔过自新，恢复人性。

亲子同读“劝孝文”，家教中有了共同语言和行为标准，父母又能为儿女做表率，这样孝道就能代代相传。

阅读　元旦劝孝文（文昌帝君）

帝君垂训曰：今日是元旦，为人间第一日，吾当说人间第一事。何谓第一事？孝者百行之原，精而极之，可以参赞化育，故谓之第一事。赤子离了母胎，在孩抱时便知得，故谓之第一事。舍此一事，并无功业。舍此而立言，则为无本之言。舍此而能功盖天下，到底不从性分中流出，必作伪以欺国，负本以灭身。

天地是孝德结成，日月是孝光发亮。孝之道，言不可得而尽也。为人子者，事富贵之父母易，事贫贱之父母难。事康健之父母易，事衰老之父母难。事具庆之父母易，事寡独之父母难。夫富贵之父母，出入有人扶持，居止有人陪从，其愿常恰，其心常欢，故易事也。若贫贱之父母，舍却白发夫妻，谁为言笑。离了青年子媳，孰与追随。人子一日在外，父母一日孤凄。为人子者，善体其情，能顷刻离左右也乎！健康之父母，行动可以自如，取携可以自便，朝作暮息，可以任意；访亲问旧，可以娱情，故易事也。若衰老之父母，儿子便是手足，不在面前，手足欲举而不能；媳妇便是腹心，不在膝下，腹心有求而不遂。时而忿忿于内，时而戚戚于怀。为人子者，善体其情，能顷刻离左右也乎！具庆之父母，日则有以作伴，夜则有以相温，昼无所事，相与论短谈长；夜不成眠，互为知寒道冷，故易事也。若寡独之父母，儿女虽有团圆之乐，夫妻已成离别之悲，家庭之内，独行踽踽凉凉，形影之间，惟有凄凄楚楚。为人子者，善体其情，能顷刻离左右也乎！

鸣呼，试问身从何来，亲为生我之本。孝为何事，人所自有之心。见我此章，而不动心者，非人也。见我此章，而不堕泪者，非人也。逆子忤媳，见我此章，而不化为孝子顺妇者，与禽兽何异，人人得而诛之者也。

（按）为人子者，当其易时，切勿视为太易。必须刻刻关心，则易者自易矣。当其难时，切勿视为太难。必须处处尽力，则难者不难矣，尚其加意焉可。

马上行动——为父母或长辈削一个水果

孝行日记

年　月　日　星期　天气

第六课
亲子同读　共修孝德

孝者，畜也。顺于道，不逆于伦，是之谓畜。

——《礼记》

【释义】

孝，就是畜。顺于道义而不悖于伦理，这就叫畜。

演讲 亲子同读 共修孝德

一位教育家指出："没有交流，就没有教育。"要有交流，就要有共同语言；而获得共同语言的重要途径，就是共同读一本书。笔者近日读到一本好书——《好孩子应该为父母做的30件事》（河北少年儿童出版社出版）。这本书堪称家庭教育的良师益友。

这本书既是为孩子写的，也是为父母写的，目的是为了培养孩子拥有一颗感恩的心，从躬行孝道开始，学会做人。

这本书是通俗易懂的感恩教材，孝道读本。

此书开宗明义，指出："感恩是幸福的法宝。"孩子应从孝敬父母、尊重长辈开始，学会感恩，懂得报恩。从小培养乐于助人，进而爱他人、爱集体、爱国家的美德——长大后得以担当起"修身齐家治国平天下"的重任，从而实现幸福的人生。

此书最鲜明的特点，就是具体地指导躬行孝道，列出了孩子孝敬父母和长辈应做的30件事。比如：

"珍惜得到的一切，父母挣的都是血汗钱；不乱花钱，不同别人攀比。"

"记住爸爸妈妈的生日，祝贺他们并送上你的生日礼物。"

"学做一顿简单的饭菜，节日时为父母露一手。"

"好吃的东西不独占，分给父母和长辈，同他们共分享。"

"与父母一起看电视时，把最好的位置留给父母。"

"父母或长辈生病时，多问候，端水送药，多陪伴在身边。"

"与父母有矛盾时，多与父母交流，不发脾气，不赌气。"

……

这些在日常家庭中的孝行，在点点滴滴中培育着孩子的品德。

这本书在讲每一件应做的事时，均配以与内容相关的故事和短文，还有色彩明快的插图，非常引人入胜。

以这本书为教材，要做到亲子同读，共修孝德。只有"同读"、"共修"，才能切实培育孝心，提高孝德。笔者认为，作为家长，至少应树立两个观念：

一是要理解、支持孩子的每一个孝行。孝道教育的本质是做人的教育。所以，孩子要做这30件事时，父母要切实支持。笔者曾听过这样的事：学校提倡孩子要为母亲洗脚，母亲却说："别瞎耽误工夫，好好去念书比什么都好！"还有一位母亲不惜弄虚作假，让孩子端一个没盛水的大盆拍照，向学校交差表明已为母亲洗过脚了。这些家长，都没理解孝道教育的意义。所以，身为父母的，要懂得作者提倡孩子做这些事的良苦用心，这样，才能收到实效。

二是要以身垂范，率先成为孝行的楷模，引导孩子的孝行。应该明白，任何一对父母都有双重身份，对自己的儿女而言，他们是父母；对自己的父母而言，他们又是儿女。所以，"应该为父母做的30件事"，身为父母的也要身体力行，甚至先行，为自己的儿女做出榜样。这样，自己的孩子才能真正读懂这本书。

天地是孝德结成，日月是孝光发亮。做人以修身为本，修身以孝道为源。笔者相信，读用这本书将使家庭教育的文化品位得到提升。

演讲　你给母亲洗过脚吗？

你给母亲洗过脚吗？大概多数成年人没有给自己的母亲洗过脚。笔者第一次听说给母亲洗脚，是来自一次招聘会。企业老总问应聘者："你给自己的母亲洗过脚吗？今天回去洗过了明天再来。"给自己母亲洗过脚后，一个个都是感慨万千。据报载，今年"母亲节"杭州沿山河社区举办了"母亲节——我为母亲洗次脚"的活动。这些做法和活动，都是有益的孝道教育。

为母亲洗脚，是一种孝行，近年多有提倡，笔者十分赞同。人民教育家陶行知说过："行是知之始，知是行之成。"阐明了实践和认知的关系。实践、躬行是认识事物的开始、起点；对事物本质、规律的认识是实践、躬行的成果。简单说"无行即无知"。作为儿女，要懂得父母的深恩，只有在躬身行孝的行为中，内心才会有真切的感悟。老人的脚，多数有脚垫、鸡眼，粗糙得往往像老树皮，与孩子稚嫩的小手形成鲜明的对照。这一双双脚，记录着父母的养育之恩。凡有良心的儿女无不受到心灵的震撼。

学校布置了为母亲洗脚的作业，一个女孩不情愿，嫌妈妈脚臭，戴着口罩勉强洗了几下。看到这情景，父亲给女儿讲了一个故事。从前，一对母子生活穷困，相依为命。儿子幻想通过修炼成神仙求富有，他在多年的困惑后，请教一位老和尚："我都修行十几年了，为什么还没成为神仙?"老和尚答道："当你看到一位身披衣裳、倒穿鞋的人，就会明白了。他就是观世音菩萨。你去问他吧!"这孩子外出找了很长时间，都没遇到。这天路过家门口，想进去看老母。母亲听到儿子回家了，惊喜地跳下床，披起衣服倒穿鞋赶去开门。儿子一见母亲的样子，惊呆了，立刻扑倒在母亲脚下，恍然大悟，放声大哭："妈妈！您就是我苦苦寻找的观世音菩萨呀!"从此，他诚心侍奉母亲，靠劳动致富了。听了这个故事，孩子懂得了：是母亲赐予了自己生命，时刻保佑着自己。此后，再为母亲洗脚时，她再也不戴口罩了。

诚然，如何尽孝，应因人因家而异，不拘一格；只要能体现孝心，做什么都好。但我们提倡一种孝行，是希望我们的后代能获得平常没有体验过的亲情感悟。为自己的母亲洗脚，这样的孝行，不仅应在学校提倡；凡是没有给母亲洗过脚的人最好能体验一次，而且各行各业的道德教育都可借鉴。如果这种做法蔚然成风，孝行天下，将会不断提高国民的人文修养。

马上行动——为父母洗一次脚

孝行日记

年　月　日　星期　天气

第七课
孝道是激发上进的动力

子曰："身体发肤，受之父母，不敢毁伤，孝之始也。立身行道，扬名于后世，以显父母，孝之终也。"

——《孝经》

【释义】

儿女的身体，细至毛发皮肤，都是父母所赐，应当好好爱护，不使受到损坏，这是孝道的开始。做人做事要走正道，使自己的德行扬名于后世，为父母增光，这是孝道的最终目标。

演讲　孝道是激发上进的动力

在一所中学的初中班曾进行过这样一次调查。问卷是："请你写出你认为对你长大成人最有意义、最有影响力的一个字。"调查者的初衷是想看看有没有人能写出"孝"字。学生们写出的字有"爱"、"书"、"勤"、"学"、"仁"、"朋"、"友"、"玩"等，果然有一个学生写的是"孝"，这令人感到欣慰，说明孝道还没有失传；同时又感到忧虑，毕竟41个人中只有一个人这样写。写孝字的是一个女生，祖籍山东，父母都是军人。父慈母爱，家教严格。这个学生在学习时经常想到父母，懂得学习不好将来对不起父母，好好学习是孝敬父母的表现。

显然，孝道是激发孩子上进的动力。对这一教育理念，我们应有进一步的认识，以提高孝道教育的自觉性并增强实效。

2006年"原生态"这一词语给人们的思维注入了新的活力。它伴随着那清纯、高亢、悠远的歌声从荧屏飞向神州大地，引发人们无限的遐想。"原生态"启迪着新的智慧。有人开始研究"生态文化"，有人开始思考"教育生态学"。人们在各个领域追本溯源，开始了新的探索：只有认识了源头才能最终认识事物的本质。

那么，作为一个人上进心的起点在哪里？应当说是在对生身父母的感恩怀德上。基于这一"原生态"的认识，我们应当把孝道教育和生命教育结合起来。

在北京二中，成功地组织了"热爱生命"的主题班会。学生们到自然博物馆参观了"人之由来"的展览，每人写了观后感。学校请家长来参加班会。会前每位家长给自己的孩子写一封信，讲述十月怀胎的艰辛和对孩子的希望。会上，孩子们屏住呼吸、含着泪水倾听妈妈讲述怀胎的生理反应，那为了保胎不吃药扛病的一个个催人泪下的故事唤醒了孩子的心灵：生命来之不易，要百倍珍惜，感恩之情油然而生 。

在三八妇女节时，阜成路中学在校会上播出了学生自拍的短片《懂你，母亲》，短片用镜头记录了一位母亲剖宫产的全过程。这个片子给了学生们巨大的视觉冲击和心灵震撼。一个学生在给母亲的信里这样写道：“妈妈，您以前总说肚子上的伤疤是上天赐给您的礼物。今天我终于明白了，为了生我，您忍受了皮开肉绽的痛苦。可我以前一直不懂得孝敬您。这次您生了重病，才有机会第一次给您洗脚。捧起这一双长满老茧的双脚，就如同捧起您一生的劳累和艰辛。您是我生命的创造者，妈妈，我会用一生来报答您！”校会之后，学生们对母亲的感恩之情纷纷化作了上进的动力和行动。

这两个活动为孝道教育创造了宝贵的经验。

孝道教育激发的上进心，可称为人生坐标原点上的“原动力”，它应伴随人成长和发展的一生。

马上行动二 和父母一起进行一项健身活动

孝行日记

年　月　日　星期　天气

第八课

孝道是预防失足的防线

君子一举足不敢忘父母，一出言不敢忘父母。一举足不敢忘父母，故道而不径，舟而不游，不敢以先父母之遗体行殆也。一出言不敢忘父母，是故恶言不出于口，忿言不及于己，然后不辱其身，不忧其亲，则可谓孝矣。

——《礼记》

【释义】

每走一步不敢忘记父母，每说一句话不敢忘记父母。每走一步不敢忘记父母，所以，走大路不走小路，乘船而不游水，不敢以父母赐给的身体去做危险的事。每说一句话不敢忘记父母，因此，不会说难听的话，也不会招来别人的辱骂。从而，不辱没自身，也不使父母遭到羞辱，这可称为孝了。

演讲 孝道是预防失足的防线

雄伟、蜿蜒的长城，在历史上是一道防线，为了防御外族的入侵。《国歌》中唱道：“用我们的血肉筑成我们新的长城”，是战斗的呼唤，号召抗御外族的入侵。人生也应构筑防线，以抵御邪恶的入侵。邪恶包括有贪污、偷窃、诈骗、毒品、色情、暴力以至凶杀等的一系列犯罪行为。

作为青少年，步入歧途，都是从一个个方面失足开始的。为了防止“一失足成千古恨”，学校、家庭和社会在素质教育中，采取了多种形式、多条渠道进行法制教育，以预防青少年犯罪。教育有多种育人功能，但最根本的应有预防功能，我们应大大加强“预防教育学”的研究。所谓“预防”，就是画出一条线，不能越过，越过就是失足。著名作家王蒙在《我的人生哲学》一书中明确指出：“人生最重要的是知道‘不做什么’”，“守住人生的底线”。这里，“底线”就是我们说的“防线”。我们的教育往往总爱提过高的目标，其实在一生中能真正守住“底线”，确是不容易的事。

要使孝道成为预防失足的防线，在家庭教育中怎样做呢？

首先，要使儿女懂得：自己的生命是和父母血脉相连的。《孝经》教子曰：“身体发肤，受之父母，不敢毁伤，孝之始也。”要爱护、保护自己的身体，不能做任何有损自己心灵和身体的事，这就是尽孝，就具有防范诱惑和邪恶的力量。

其次，要使儿女记住：自己的言行是和父母息息相关的。《礼记》教子曰：“一出言而不敢忘父母”，“一举足而不敢忘父母”。这样，一言一行不忘父母的养育之恩，想到做事的后果，就能三思而后行，坚守正道，避免失足。

古人修身讲“吾日三省吾身”，这里借用来教育孩子每天悟孝道：“身为儿女心怀感恩乎？身为儿女日有孝行乎？父母教诲可有感悟乎？”孝心常在，免疫力就会增强；孝心常新，防线就会愈坚固。

社会生活告诉我们，尽管犯罪的人形形色色，但都可归结为一点，就是在走向歧途的瞬间，是把对父母的责任置之脑后了。如果到“大墙”里面去调查，就会发现，绝大多数失足的人，在接受判决的那个时刻，他首先想到的就是对不起自己的父母，懂得了犯罪就是最大的不孝。但世上没有卖后悔药的，只有在正常生活时懂得珍惜，才能守住“底线”。

如果在家庭中能切实进行孝道教育，如果孩子能把对父母的感恩和责任时刻铭记在心中，那么，父母将成为儿女的“保护神”，同心同德筑起一道道无形的防线，保佑孩子平安地长大成人。

马上行动 临摹文天祥的手书“敬父如天　敬母如地”，置于自己的书桌前。

孝行日记

年　月　日　星期　天气

第九课
孝道是构建和谐的基石

子曰:“先王有至德要道,以顺天下,民用和睦,上下无怨。”

——《孝经》

【释义】

古代的贤君圣王,有崇高至极、尽善尽美的品行和道德,使天下人心归顺,人民和睦相处,上至天子,下至庶民,无论尊卑,都没有怨恨不满。

演讲 孝道是构建和谐的基石

要深入进行孝道教育，就必须全面、深刻地认识孝道的功能。在前文中笔者已阐明，对个人讲，孝道是激发上进的动力，孝道是预防失足的防线。那么，如何认识孝道的社会功能呢？

早在2500多年以前，孔子就高瞻远瞩地指出了孝道对构建和谐社会的要义。子曰："先王有至德要道，以顺天下，民用和睦，上下无怨。"意思是说，古代的帝王有一种崇高至极的道德和品行，使天下人心归顺，人民和睦相处，上至天子，下至庶人，都没有怨恨不满。显然，人心顺，万民睦，上下和，这一天下太平的景象，不正是社会和谐的写照吗？那么，具有这么巨大社会功能的"至德要道"是什么呢？孔子简洁、明确地指出，就是孝道。子曰："夫孝，德之本也，教之所由生也。"孝是一切德行的根本，也是教化产生的根源。应该说，以德治国的核心正是以孝治国。"孝悌之至，通于神明，光于四海，无所不通。""是以其教不肃而成，其政不严而治。"孔子讲以孝治国平天下之道，孝悌之道，如果做到至极的程度，就可以通达于神明，光照于四海，任何地方都能够感应相通。这种教化，合乎民众的心理，民众自然都愿意听从，所以教化不用严肃惩戒，就能顺利进行，政治不用严厉推行，就会国泰民安。

我们应该认识到，孝道是人类社会和谐的本源。和谐讲的就是人际关系。依此来分析，我们深入认识孝道，可以说孝道至少由三个要素构成，就是有敬、有爱、有序。孝道教人无论何时何地与人相处，都要有敬、有爱、有序。以乘公交车为例：给老年人让座，就是家庭尽孝的社会化，是有敬；给弱、病、残人让座，是有爱；而排队上车，正是体现社会生活的准则：有序。有敬、有爱、有序，营造了良好的环境、和谐的氛围。近日，北京市把每月11日定为"排队日"，就是建设和谐社会的一项有效措施。孝道在家庭生活中讲有敬、有爱、有序，推广到社会中，正是促进了生活方方面面的和谐。

同时，还应懂得，社会的和谐是以家庭的和谐、个人的和谐构成的。

要做到家庭的和谐，应把孝道放在"齐家"的首位。孔子故里有一传统对联：“子孝双亲乐，家和万事兴。”告诉我们，有“子孝”方有“家和”。同时，在中华传统美德中，总是把“孝”和“悌”连在一起的，应以孝敬父母和友爱兄弟姐妹，共同构建家庭的和谐。“尽孝”和“尽忠”总是相关的，在家需尽孝 ，从业要报国。有了“孝”，才会诚意、正心去做事，才会有个人身心的和谐。

从一定意义上讲，可以说，孝道是个纲，“纲举目张”。从个人到家庭，从单位到社会，我们倘能以孝道为纲，进行教育，开展工作，一定会呈现安定、和谐的新局面。

马上行动——为父母和长辈表演一个节目

孝行日记

年 月 日 星期 天气

第十课
孝道是照耀人生的福星

子曰："孝悌之至，通于神明，光于四海，无所不通。"

——《孝经》

【释义】

对父母的孝敬和对兄长的顺从的孝悌之道，如果做到了至极的程度，就会达到通于神明，光照天下，何时、何地、何人都能感应相通，一切皆顺达。

演讲 孝道是照耀人生的福星

中国人把对美好生活的企盼凝聚成一个字——“福”。春节时，家家都要贴上一个“福”字，盼望福星高照。但人们同时也懂得，福分不能靠上天的恩泽，而要靠自身的修行，要行善积德，就是要修福根。古人云：“忠则顺天，孝则得福。”修福根，首先就要尽孝心，践孝行。

作为中华儿女，都应该知道千百年来堪称典范的两大孝子：虞舜和曾参。

《二十四孝图》第一篇“孝感动天”，就是讲舜尽孝的故事。舜早年丧母，后母把他视为眼中钉。他经常遭到父亲的打骂，后母的虐待，甚至谋害。但舜始终“性至孝”，“顺适不失子道”。他的孝行感天动地，得到天下民众的赞扬。尧老了的时候，经过考察和听取族长的推荐，没有把帝位传给自己的儿子丹朱，而是以天下为公，传给了德才兼备的舜。这就是流传千古的“尧舜禅让”。舜被称为中国历史上第一个最有名的孝子。舜因至孝而得天下，孔子说：“舜其大孝也与！德为圣人，尊为天子，富有四海之内。——故大德必得其位，必得其禄，必得其名，必得其寿。”

曾参是孔子的学生，小孔子46岁，在孔子的三千弟子、七十二贤人中曾参志存孝道。孔子赞扬他“曾参之孝，精感万里”，故孔子专门与他讲孝道授之以业，以作《孝经》，千百年来传播孝道，功德无量。曾参因对孝道的悟性，因孝心和孝行感动老师，而得到真传，这是他的福分。

近日，多家报刊以《发明源于孝心》为题，报道了青年科学家孙作东的事迹。他的母亲患肾病、岳父患脑溢血后全身瘫痪，在家中再没有能力维持昂贵的医药费用的时候，作为儿子他感到万分愧疚。他开始夜以继日、争分夺秒地攻读医书，与死神赛跑。他的赤诚和孝心感动了上苍，自学摸索出有效的中药方剂，又在前辈和专家的指导下研制出“奥博脑复康治疗仪”。使二老的病情得到有效控制和短期内明显好转，医生都惊叹这是奇迹。随后，他又写出《激活沉睡的脑》等专著。是孝心给了他超乎常人的智慧，是孝行成就了他的事业。这也是他的福分。

这些感人的故事启示我们：孝道孕育和催生福根，孝心长一分，福分长一分；孝行进一步，福分升一层。孔子说：“孝悌之至，通于神明，光于四海，无所不通。”可见，孝道蕴藏着神奇的能量。如果懂得了孝道是福根，倾心尽孝，那么，很可能美好的前程就会“不期而遇”，“不求而得”，岂不快哉！

演讲 孝心孕育回天力

李蕾，一个感动中国的“80后”女孩。人大常委会前副委员长邹家华为她战胜癌症而写的自述一书题名《大美不言》。

2000年，李蕾20岁，大学二年级，被确诊为鼻咽癌，后发展到骨转移、癌症并发症。令人难以置信的是，她三次战胜了死神，获得康复。她被称为“创造生命奇迹的人”，她宣告“癌症不等于死亡”。

是什么力量使她创造了生命的奇迹？自然，这是一种合力：有肿瘤医院医生的及时、精心的诊治，有慈爱的父母夜以继日的深情守护，有对外经贸大学师生友情的巨大支持，还有北京电视台“大宝真情互动”节目的爱心救助，但最根本的是她的孝心孕育的回天之力，构建了支持她精神世界的擎天柱：天没有塌下来，拨云见日，太阳更加灿烂！

让我们倾听李蕾催人泪下的心灵独白：面对悲痛欲绝、终日以泪洗面的父母，让我怎能忍心撒手人寰，怎能忍心将他们抛下？又怎能忍心让他们承受白发人送黑发人的痛苦！如果我真的不在了，父亲母亲怎么办？在寒冷的夜晚，我再不能陪父亲聊天，也再不能为妈妈买一双合脚的棉鞋，让她暖暖和和地走过冬天。如果我真的不在了，每到过节的时候，看着别人家老老少少团聚，而我的父母只能孤孤单单地捧着我的照片，那将是多么残忍的场景啊！如果我真的不在了，从此阴阳相隔，我又怎样才能让他们知道女儿对他们的思念啊！我没有上天入地的本领，我也不相信有转世超生，我只是要一生一世做我父母的女儿，我不想离去！我不能离去！“爸爸妈妈，我要为你们而活！”

她向父母郑重承诺：以积极勇敢的人生态度面对苦难，迎接死神的挑战！“我要用今后的生命和所有的爱，陪伴您们，照顾您们，孝顺您们，为您们带去安慰，带去快乐！”

李蕾三次住院从不穿病号服，忍受着放疗的呕吐、头疼、高烧，每天清晨起床都要梳洗整洁。为了增强抵抗力，甚至还去游泳，幽默地称自己身上放疗的紫色印记为“最流行的文身”。她抗争了七年，谱写了感天动地的青春之歌。

说到感天动地，不禁使我们想到《二十四孝图》的第一篇“孝感动天”。说的是舜有至孝，他的孝行，感天动地，“舜耕于历山，有象为之耕，鸟为之耘”，“帝尧闻之”，“遂以天下让焉”。

李蕾的事迹启示我们：孝道是人生的原动力。在人生的路上，无论遇到任何艰难、风险，首先要想到尚未完成对父母尽孝的责任，以此为起点，就会激发起前所未有的智慧和力量，克服常态下不能克服的困难，甚至创造不可思议的奇迹，逢凶化吉。正如孔子所说：“孝悌之至，通于神明，光于四海，无所不通。”

马上行动 为父母朗诵一首表达孝心的诗或一篇散文

孝行日记

年 月 日 星期 天气

第十一课
儿女尽孝当及时

子曰："父母之年，不可不知也，一则以喜，一则以惧。"

——《论语》

【释义】

自己父母的年龄，不可以不知道，一方面为父母高寿而喜悦，另一方面又为父母的年事已高而忧惧。

演讲　儿女尽孝当及时

《孔子家语》和《百孝图说》中都讲了子路尽孝的感人故事《仲由养亲远负米》。仲由，字子路。少时家贫，家无存粮。本地粮价飞涨，为购便宜谷物，到百里以外采购，肩负以归，如是者不计日，以养双亲。父母相继去世后，他得到楚王重用，从车百乘，列鼎而食，声势煊赫。抚今追昔，不禁悲从中来，泣下如雨，仲由感慨万端："我今贵矣，父母安再？虽想如当日奉亲命负米百里，亦不可复得！""树欲静风不息，子欲养亲不在。今始知椎牛祭墓，不如鸡豚之奉于生前也。"孔子闻后而叹曰："由也事亲，可谓生时尽力，死时尽思者矣。"

仲由的孝心和孝行，启示后人：人们往往只有在父母去世后，才能最终悟到孝道，追悔莫及。与其怀着不能奉养双亲的痛苦祭扫陵墓，不如在生前以美食奉养父母。

这个故事规劝人们要及时尽孝。风不会因树欲静，而不刮；双亲不会因子女要尽孝，而等待。它用生动的比喻告诉人们，人的衰老是不以人的意志为转移的，儿女一定要及时尽孝。

子曰："父母之年，不可不知也。一则以喜，一则以惧。"孔子说的是："父母的年龄不可不知道。一方面为他们的长寿而高兴，一方面又为他们的衰老而恐惧。"这句话是教育我们，要时刻把父母放在心上。然而，当代的青少年却往往不是这样。有人就学生家庭的亲子关系及孩子尊老敬老的行为习惯，对100名学生做了一次测验。结果令人担忧和深思：75%的学生回答不出父母的生日，82%的学生不清楚祖父母和外祖父母的准确年龄，23%的学生不知道父母的工作单位，46%的学生不了解父母的爱好，35%的学生在家里从不做家务……调查结果表明，当代青少年的生活往往以自我为中心，最缺少的就是孝心；而尽孝最需要的就是要有紧迫感。

据报载，世界首富比尔·盖茨在飞机上接受意大利《机会》杂志记者采访，记者问他："最不能等待的事情是什么？"比尔·盖茨没有回答记者往往希望听到的"商机"二字，他说的却是："天下最不能等待的事情莫过于孝敬父母。"

这很让我们感动。那些“为富不仁”，只认金钱不认亲情的人，应该反思。

每个人都应该在心中铭记：“世界上有很多事情可以弥补，可以重来，甚至可以做得更好，惟独尽孝不能等待，等到生离死别的时候再醒悟，已无法弥补，只能遗恨终生了。”

岁月无情，时不可待。让我们的孝心和孝行时刻伴随在父母的身旁吧！

马上行动——为自己的慈父画一幅肖像

孝行日记

年　月　日　　星期　　天气

第十二课
孝身　孝心　孝志

子曰："夫孝者，善继人之志，善述人之事也。"

——《中庸》

【释义】

所谓孝，指的是能很好地继承先人的遗志，很好地续成先人未竟的事业。

演讲 孝身 孝心 孝志

儿女应如何尽孝？至少应从以下三个方面努力：

孝身 孝身主要指的是在物质上赡养父母。无论是成人之后有了经济收入还是学生时代，都应“谨身节用，以养父母”，即爱护自己的名誉，节约生活的开支，以奉养父母。孝身，就要爱护自己的身体，“身体发肤，受之父母，不敢毁伤，孝之始也”。要懂得“父母唯其疾之忧”，无论遇到何种逆境，都不能采取损害自己和他人身体的行动。孝身，就应及时尽孝。“父母之年不可不知也，一则以喜，一则以惧。”千万不要留下“子欲孝而亲不待”的终生遗憾。

孝心 孝心主要指的是在精神上赡养父母。子曰：“今之孝者，是谓能养。至于犬马，皆能有养。不敬，何以别乎？”孔子阐明了孝道的灵魂。当今讲孝，仅是指生活上的赡养吗？至于家中的犬马，全能得到饲养；如果儿女没有孝敬之心，那么，和动物有什么区别吗？《孝经》指明：儿女事亲，应做到“居则致其敬，养则致其乐”，即在日常起居中，要竭尽对父母的恭敬，周到地照料。奉养时，要保持愉悦的心情，使父母感到快乐。总之，尽孝就是要使父母舒心和开心。有一位孝子摄影师叫焦波，他在30年里，每年专程回到农村老家，为父母拍照，共拍了12000多张，还专门接父母来北京游览。他的摄影作品在中国美术馆展出，名为《俺爹俺娘》，感动了无数观众落泪。他娘对儿子说：“你拿着相机让我多活了好几年。”每个人的条件不同，不一定能像焦波那样做。但每个儿女都应该知道父母喜欢什么，什么事情能使父母获得快乐，就千方百计地去做。常听老人们夸奖说：“这孩子真孝顺”，也就表明在老人心中是“顺者为孝”。老人们希望儿女和他们在一起时，多听到顺言顺语；儿女应首先满足老人这朴实的心理需求。

孝志 孝志主要指的是儿女要肩负父母的希望，继承父辈的志向。《孝经》指明：“立身行道，扬名于后世，以显父母，孝之终也。”做人安身立命要走正道，使自己的德行扬名于后世，为父母增光，这是孝道的最终目标。做儿女，最低的标准就是不要为自己父母的脸上抹黑，不要以自己的言行给父母带来耻辱。要做合格的公民，做遵纪守法的人，就是父母最基本的希望。

做儿女，高标准就是要以自己的奋斗实现父母对自己的希望，既成人，又成才。孝的提升就是报国。正如岳母刺字所示：“精忠报国”，尽孝，就是实现报国之志，光宗耀祖。

在生活中，孝身、孝心、孝志是融为一体的：孝身是基础，孝心是灵魂，孝志是方向，儿女依此来尽孝，就能完善自己的道德。

马上行动——给父母写一封感谢信

孝行日记

年 月 日 星期 天气

第十三课
谨身节用　以养父母

子曰："谨身节用，以养父母，此庶人之孝也。"

——《孝经》

【释义】

行为谨慎，保重自己的身体，爱护自己的名誉，节约开支，生活简朴，这样来奉养父母，就是普通人的孝道。

演讲 谨身节用 以养父母

在孝道教育经典《孝经》中，把如何尽孝分为天子、诸侯、卿大夫、士和庶人五个层次讲解。在“庶人”章中，指明了基础孝道的要求：“谨身节用，以养父母，此庶人之孝也。”它告诉世上的儿女，要谨慎地爱护自己的身体和珍惜自己的名誉，节约生活开支，以此来赡养自己的父母。这是所有的人都要做到的最低要求。

“谨身”，就是要爱护好自己的身体。子曰：“身体发肤，受之父母，不敢毁伤，孝之始也。”作为儿女首先要懂得，父母爱情的结晶——经过十月怀胎，孕育了你的生命。你的身体来之不易；从你降生起，家庭和社会上，又有多少人为你服务。你一天天长大，承接着祖辈、父母、亲友、师长，来自家庭、社会各方面的关爱。你的身体不属于你自己，你必须珍爱生命，“不敢毁伤”。不少学校成功地进行了“生命教育”，向学生播撒了“谨身”意识的道德良种，是值得推广的。

“谨身”，就是要珍惜自己的名誉。有一对父女作家，父亲叫韩少华，女儿叫韩晓征。年少时，韩晓征总以别人介绍说“这是韩少华的女儿”为自豪，觉得有光彩。年纪渐长了，志气渐长了，她说：“将来我要让别人这样介绍，‘这是韩晓征的爸爸’。”果然，她少年成名，在16岁时就发表了中篇小说《夏天的素描》。韩晓征年少时的志气，正是孝心的表现：“今天，我为父母自豪；明天，父母为我骄傲。”我想，这应成为每一个儿童少年的一个座右铭，激发上进的动力。孔子还指明了孝道的最高境界是：“立身行道，扬名于后世，以显父母，孝之终也。”作为普通人，倘不能光宗耀祖，不能为父母增光，无论如何，总不应为祖辈、父母抹黑吧！

“节用”，就是要节俭生活的开支。作为学生，还没有收入，不能在经济上赡养父母，唯一可做的就是节约开支。生活上温饱足矣；应把精力放在对学业的追求上。特别要去掉虚荣心，克服攀比心理。要懂得穿名牌，只能装饰你的外表，只有高雅的文化才能显现出美丽的气质。

当代社会充满诱惑，“谨身”教育正应成为重要的教育主题，它不仅教育人们更好尽孝，而且能成为一种防范力量，使人把人生的脚步摆正，约束自己的行为，以安身立命。

“谨身”教育要适应少年儿童的特点，可选用案例教育。据悉，通州区教委专门编写了《一失足成千古恨》一书，作为德育教材。该书专门搜集了因打架、偷窃、网瘾等走上犯罪道路的失足青少年的多种案例，告诫学生要在人生的道路上，把握好方向，在紧要关头不可误入歧途，“一失足成千古恨”。这样的教材，很有说服力，取得了很好的教育效果。

“谨身节用”应成为我们的治家格言。

演讲　知所先后　则近孝矣

《弟子规》曰：“或饮食，或坐走，长者先，幼者后。”意思是说，无论用餐、就座、行走，都应该谦虚礼让，长幼有序。懂得年长者优先，年幼者在后的道理。虽然，这里讲的是日常生活中一个方面的行为规范，却蕴涵着孝道、做人的道理。无论是进行孝道教育，还是践行孝道，都必须注重生活细节，从小处着眼。孝悌之道，讲的就是孝亲敬老，长幼有序。

而当今的家庭生活中，这个顺序往往被颠倒了。

试问：“在你的家中，第一筷子菜先夹给谁?”如何回答这个问题，就可以看出孝道教育是否在你的家庭中落在了实处。我们看到的往往是：爸爸、妈妈先把菜夹给了孩子，爷爷、奶奶又把菜先夹给了孩子，随后，姥爷、姥姥还是把菜先夹给了孩子。在孩子的饭碗里，呈现出“六合一”。这种现象很普遍，大人们不以为然。常此下来，孩子能不形成“惟我独尊”的意识吗?“小皇帝”、“小公主”不就是在家庭的餐桌上孕育的吗?如果已身为人父、人母的家长，把第一筷子菜先夹给老人，那么，第三代就会懂得：在生活中要以孝敬老人为先，就会在心中播下孝道的种子。

人民教育家陶行知指出：“我们深信生活是教育的中心”，“生活教育是给生活以教育，用生活来教育”，“为生活向前向上的需要而教育”；“教育要通过生活才能发出力量而成为真正的教育”。这应成为我们孝道教育的指南。在家庭中，只有家长垂范营造孝道的生活，才能有切实的孝道教育。

近十年来，国学教育从儿童少年抓起，已初见成效。《弟子规》的普及，促使一批批孩子知书明理。一位孔子学校的校长带一个5岁的女孩来看望我，当我们要走出家门去湖边散步时，小女孩立即脱口而出：“长者先，幼者后”，让我们先走。我感到十分欣慰；可见做人之道已开始在她幼小的心灵中扎根了。虽然这只是一个例子，却是国学复兴的真实写照。

《大学》阐明：“物有本末，事有终始，知所先后，则近道矣。”告诉我们凡物都有根本和末节，凡事都有终结和开始，能够知道这些先后次序，就接近《大学》的道理了；也就是说接近于把握事物的规律了。借用过来，可以说，在家庭、学校、社会生活的各个领域，在与亲人、老人、长者的关系中，只要践行“知所先后”，长幼有序，可以说，“则近孝矣”。

有的学者指出：人们所犯的错误，往往就在于办事的时间顺序不合适，即常说的“不合时宜”；换一个时间顺序去办，就成功了。“长者先，幼者后”，虽然讲的是孝道，却启迪我们认识到简明扼要的生活哲理：无论做任何事，都要知所先后，以此为指南。

马上行动 为父母做一次按摩，可捶捶背或揉揉腿

孝行日记

年 月 日 星期 天气

第十四课
亲有疾　药先尝

子曰："教民亲爱，莫善于孝；教民礼顺，莫善于悌；移风易俗，莫善于乐；安民至上，莫善于礼。"

——《孝经》

【释义】

教育民众相亲相爱，没有比倡导孝道更好的方法了；教育民众遵循礼仪恭敬和顺，没有比恭敬自己的兄长更好的方法了；改变社会上的陈规陋习，没有比音乐教化更好的方法了；要想使国家得到安定，民众得到治理，没有比礼法教化更好的方法了。

演讲　亲有疾　药先尝

在《弟子规》中，教导后代说：“亲有疾，药先尝。”说的是父母、祖辈有病了，吃药时的家规：儿女和后代要先尝尝药。为什么呢？我想一是要尝尝冷热，让老人喝着合适；二是要给老人端过去，因为老人腿脚不方便；三是体验一下吃药的滋味，滋润孝心。我们常说苦药汤子。有的老人要喝几年甚至十几年的药；孩子尝尝药，会体验父母和祖辈的不易甚至辛酸。常言道：“不经一事，不长一智。”同理，应该说：“不经一尝，不长一孝。”

在当代教育中，有识之士倡导“体验教育”，是很见教育实效的。“尝药”会给人一种孝心的心理体验，由此，笔者又想到“磕头”。春节前，据《中国老年报》报道，某高校向大学生布置了一项寒假作业：给父母磕一次头，表示孝心。在20名大学生中只有一个人表示愿意去做。报上就这个问题展开了讨论，有赞成的，有反对的。有人说，只要有孝心，何必走那个形式，再说磕头已过时了。笔者想从个人的见闻和感悟谈谈认识。

谈到磕头，使人不禁想到于丹和一个阳光男孩的故事。于丹常去外地招生。有一个很有艺术气质的男孩，因突发阑尾炎，发着高烧应考，不幸落榜。为了离于丹老师近一点，实现上北师大的理想，他执意来北京先上了一所民办大学。决定第二年再退学，重考北师大。但在开始报名时，他又畏难了，给于丹发来短信，说不想考了。于丹立即回复说：“人不能输给自己，输给别人永远都不丢人！”使他在距报名结束前一小时赶来报名了。在人生选择的关键时刻，老师的一句话定了乾坤。他幸运地考入了北师大。就在那年春节，于丹收到了一条令她感动不已的信息：“我一直盼着这个日子，在这个传统节日前，让我叫你一声‘妈’，跪下磕一个头，用最传统的方式向你尽孝。”发信的就是那个男孩。这个非亲非故的磕头心愿，难能可贵，饱含着感恩之情。可见，磕头是表达感恩的最高形式，并不局限于亲人。

天地之间，惟孝为大。儿女向父母、祖辈磕头，只要情由感生，情不自禁，难道不是很圣洁的举动吗？没磕过头的人，恐怕不会拥有这难得的人生体验吧？这种体验或许是人生珍贵的精神财富吧。

现在60多岁的人，在童年的时候，每逢春节都要给父母和祖辈磕头的。那时候还小，并未悟到其中蕴含的全部意义。现在，父母均已仙逝，只有清明扫墓时，才能在碑前磕头，寄托哀思。此刻，心中总是为未能及时、更好地尽孝，而怀着内疚。

但愿天下的儿女，能尝药时尝药，想磕头时磕头，不要留下无法弥补的遗憾……

马上行动

在父母患病时，要知道父母吃的是什么药，要提醒父母按时服用。如果是汤药，作为儿女要先尝一尝，温度合适了，再端给父母喝。

孝行日记

年　月　日　星期　天气

第十五课 重温"寒门出孝子"

子曰："天地之经，而民是则之，则天之明，因地之利，以顺天下。是以其教不肃而成，其政不严而治。"

——《孝经》

【释义】

天地有其自然法则，人类认识孝道是对自然的感悟。认识天明地利，顺应永恒的法则，这样治理天下，合乎民众的心理，人心归顺。所以，教化不用严肃警戒，就能顺利进行，政治不用去严厉推行，就能国泰民安。

演讲 重温“寒门出孝子”

“寒门出孝子”是中华民族千百年来孝道教育经验凝聚成的至理名言。在生活水平不断提高的当代社会，重温这一教育箴言，具有深远的意义。

“寒门出孝子”总结的是环境育人的教育规律。存在决定意识。德国哲学家费尔巴哈说过：“皇宫中的人所想的和茅屋中的人所想的是不同的。”教育从本质上说，就是环境的创造。

寒门是指贫寒的家庭。寒门子弟会较早懂得生活的艰难，父母的艰辛，因而，懂得要报答父母的养育之恩，使孝心较早地在心灵扎根。当然，培育孝心还要跟上后天的教育，但寒门具有出孝子的环境教育优势。

现在，生活富裕了，家庭的教育环境改变了。怎样教育孩子成为真正的人，怎么培养出孝子，是一大教育难题。

社会上有过两个观点：“再苦不能苦孩子”和“再富不能富孩子”。前者，好理解。表达的是父辈疼爱子女的朴素之情。而后者，所表达的父母对子女的理智之爱，则需要通过学习和修养才能理解和实施。要懂得：富了，给教育孩子带来“危机”。这“危机”，往往体现为“过满足”、“过保护”。太富裕了，倘教育无力，不加以节制，容易造成孩子攀比，追求享乐心态的滋长。物欲过度会使美德丧失。对此，早在十几年前，深圳的有识之士就感叹：“有钱难买少年穷。”贫寒、简朴的生活有利于培育孝心。

怎样才能使“少年早知穷滋味”呢？可先从对比和体验两方面入手。

要使孩子在对比中认识贫穷，懂得珍惜。应通过多种方法、多种渠道，使孩子了解贫穷地区同龄人的学习和生活状况，通过比较懂得珍惜。有的学校与边远山区的学校结为对子，带学生去“留学”，产生了很好的教育效果。当孩子看到那里的学生用铅笔头写字，缺少纸张以及难以想象的困苦生活时，再看看自己豪华的铅笔盒和书包，想想自己的优裕生活，强烈反差，产生了心灵的震撼。回城以后，懂事多了。所以，在这所学校，家长都争先恐后地送孩子去“留学”。

要使孩子接近大众的生活，懂得“俭以养德”。最好能引导孩子适当地吃点苦，经受磨炼。笔者曾采访过一位美籍华人，她每年夏天带孩子回中国，体验国内的生活。让孩子每天带着白开水、挤公共汽车到一所学校学钢琴。她的做法使孩子获得了在美国优越生活环境难以得到的心理体验。北京有一位市级的“三好”学生，他每天走路上学，走出了精神，走出了健康。报纸曾以《大步流星》为题，做了专题报道。这种自立、自强的生活方式，是不是能对一些孩子出门动不动就“打车”的娇气有所触动呢？

古人云：“生于忧患，死于安乐。”过于安乐，不仅会丧失孝道，严重的甚至能泯灭人性。当代的父母们要警醒啊：千万别喂下的是甜水，酿成的是苦果。

演讲　“啃老族”的后代之忧

在《北京晚报》上看到三则手机短信：

一、(致奶奶)“我现在衷（终）于知道你们是什么人了。你也别解释了，我知道了，你爱钱比爱我多。你也别解释了，老天有眼，你死我都不会去看你一眼的，老天有眼。”

二、(致爷爷)“你们把钱好好留着吧！等你们死的时候，买一个牛＊的骨灰盒，钻石的。我没什么好说了！”

三、(致奶奶和爷爷)“我这辈子不可能去看你们，我要去就遭天打雷劈。把给我的压岁钱留给你们死了用吧！我现在跟你们没关系了，你们没（有）孙子，计（记）住！”

看到这样的文字，不禁使人惊愕，心里透出一种悲凉。不知道这个孩子的爷爷奶奶是否气晕过去？

这是一名15岁的初中生写的，他要报名参加学校推荐的一个训练篮球运动员的体校，学费每年25000元，向爷爷奶奶要钱。老人认为他几门功课不及格，应先学好文化课。他没要到钱，就发了这样的短信。

知情人说，孩子的父亲是“啃老族”，自己有工作，却住在老人家里，吃住全由老人开支。子效父行，父亲坐享其成，“啃”老家；孙子“啃”爷爷，理直气壮，不满足，就恶语出口，不惜伤天害理，竟说出灭绝人性的话。

“啃老族”是指当代社会上一些“啃”父辈的“寄生虫”：他（她）已成年，不去工作或虽有工作，但吃喝全靠父母，甚至还要靠父母资助结婚、买房、买车。难怪一些老人惊呼要节衣缩食，准备“支啃基金”。

“啃老族”使我们面临后代之忧：今天，你“啃”老；明天，你的孩子将“啃”你。一代将不如一代。一个人、一个家庭、一个民族一旦不能“自食其力”，必将衰落下去。这是怎样的“危机”啊！

谈到孙子孝敬祖辈，不由得想起康熙皇帝尽孝。康熙皇帝的祖母是孝庄太皇太后。祖母病重之时，康熙冒着寒冬，步行到天坛，跪拜，为祖母祈祷。祖母病危时，康熙守在病床前35天，衣不解带，夜以继日地侍奉。应该说，康熙的至孝品德是他完成伟业的修身基石。

古往今来，有多少孝道故事感天动地，传承和弘扬中华传统美德是家庭教育的核心内容。身为儿女，应该懂得：孝心永远不会大于母爱。在父母有生之年，惟恐尽孝不够，怎能心安理得去“啃”老呢？

马上行动  为父母洗一次衣服

孝行日记

年　月　日　星期　天气

第十六课
“未养儿早知父母恩”

子曰：“孝悌也者，其为仁之本与！”

——《论语》

【释义】

能很好地孝敬父母，善事兄长，做到孝悌，便是做到仁爱的根本啊！

演讲 “未养儿早知父母恩”

常言道：“不养儿不知父母恩。”话虽短，却揭示了教育的基本原理，即不经切身体验，不会获得人生的真知。生儿育女，有了体验，为人的感情升华提供了悟性。有了孩子，成了人父、人母之后，才能真正懂得自己父母的恩泽。

生活启示我们：父母在一天天衰老，他们不会等待我们成为父母后再潜心尽孝。这就为我们的教育提出了一个既严肃又紧迫的课题：怎样使后代早知父母恩？《三字经》说：“玉不琢，不成器；人不学，不知义。”可见，能不能知父母恩，关键在教育。我们教育的使命应该是使后代“未养儿早知父母恩”。

生命的孕育是天地人和的杰作。我们要尊重生命、珍惜生命，以此为原点，进行一脉相承的生命教育、孝道教育、感恩教育。

为了使我们的青少年早知父母的孕育之恩、哺育之恩、养育之恩，不少学校和家庭进行了创造性的工作，组织了生动活泼的活动。

获悉，有的小学为让儿童体验母亲怀孕的艰难，让每个学生在腹前挂一个沙袋，体验行走和生活诸方面的不便；感悟母亲的孕育之恩。虽然这种做法不一定值得推广，但教育者的良苦用心是可贵的。

有的学校组织了“热爱生命”的主题班会，有的学校组织了“感恩父母”的主题班会，进行了贴心的亲子交流，使孩子了解父母对儿女的爱是无私的、无边的，父母的爱是人间最伟大的爱。这样的活动使孩子感悟父母的哺育之恩，在孩子心中播下了孝道的种子，影响深远。

有的学校提倡“和父母上一天班”，让孩子到现场耳闻目睹父母的工作场景。在同上班的整个过程中，可能有路途的跋涉、环境的恶劣、精神的紧张、责任的重大，总之，父母挣到的每一块钱，都是体力、脑力的付出，都是血汗钱。孩子“上班”能体验到父母挣钱的不易，从而感悟到父母的养育之恩，懂得生活应俭朴的道理。好多孩子从此更孝敬父母，并能节约生活开支了。

教育是超前的事业。教育的成败关键在早期教育。要让后代尽早懂得孝道，尽早懂得父母的恩泽，“未养儿早知父母恩”。我们的教师和家长应当在生活的各个领域做引导，可像《红灯记》中李奶奶痛说革命家史那样，和孩子讲成长史，亦可像傅雷那样，写家书教子，从细微处入手，滋润孝心，使孩子尽早成人。

演讲　走近精神赡养

儿女孝敬父母包括两个方面：物质赡养和精神赡养。

随着社会生产力的不断提高，精神赡养的比重越来越大。社会生产力低下的社会，“养儿防老”往往要放在孝道的首位。而现代社会，老年人群体中，有退休工资的占相当的比例，又加上老龄社会人们的健康水平提高，虽高龄，但有劳动能力的大有人在。这样，父母对儿女在经济上的依赖自然有所减轻；父母对儿女在精神上的需求就提高了。我们讲孝道，就要走近精神赡养。

精神赡养指的是儿女应给予父母和祖辈精神上的安慰，使父母和祖辈的精神生活丰富、轻松、愉快。

走近精神赡养，作为儿女，首先应懂得给父母最大的精神安慰是什么。父母只是希望儿女走正道，做好人。希望儿女身体健康，平平安安。任何理智的父母都别无奢求。因此，作为儿女，无论是求学还是从业，做好自己本分的事，“立身行道”，对得起父母，就是精神赡养的最基本的要求。

走近精神赡养，作为儿女，应积极、全面地理解并践行“顺者为孝”。日前，笔者在东城鼓楼苑社区讲授孝道时，曾请听众写出对孝道的理解，其中两位60岁以上的老人分别写道：“儿不嫌母丑”和“顺者为孝”。显然，他们关注的都是精神领域。中国的老百姓是非常朴实的，他们对儿女没有过多的要求。只要儿女不嫌弃他们，只要有顺言顺语就知足了。常言道：“顺者为孝”，虽很简单，但时时、处处做到并不容易。“顺”并不是要求儿女一切都听父母的，它的精神实质在于，儿女要理解父母的苦心，有事情要和父母好好商量，可这样做可那样做的，不必较真，应顺着父母，使父母在日常生活中感到舒心。

现代社会，很多儿女不和父母住在一起，因而，经常问候和常回家看看，就成为父母最普遍的需求。《常回家看看》这首歌，曾使多少老人热泪盈眶，因为它唱出了父母们的心声。笔者认识一位公司的老总，他给自己定的规矩是：无论工作多忙，两天必须给父母打一次电话，每周一定和父母吃一次饭。他深有感触地对我说："父母一天天变老，尽孝心是不能拖延的。"

走近精神赡养，作为儿女，还应及时满足父母多方面的精神需求，要了解父母的爱好，创造条件使他们的精神生活丰富多彩。

《孝经》明确指出："孝子之事亲也，居则致其敬，养则致其乐，病则致其忧，丧则致其哀，祭则致其严，五者备矣，然后能事亲。"

这段语录对儿女的要求："敬"、"乐"、"忧"、"哀"、"严"，在实质上讲的都是精神赡养。要对父母恭敬，使父母感到快乐，时时、处处、自始至终体现对父母的感恩之心。

马上行动——为父母做一道他们喜欢的菜

孝行日记

年　月　日　星期　天气

第十七课

理解　熟记　躬行　传播

子曰："孝子之事亲也，居则致其敬，养则致其乐，病则致其忧，丧则致其哀，祭则致其严，五者备矣，然后能事亲。"

——《孝经》

【释义】

一个孝子侍奉双亲，在日常起居中，要竭尽对父母的恭敬，周到地照料；奉养时，要保持愉悦的心情，使父母感到快乐；父母有病时，要满怀忧虑地去照顾，请医生诊治，日夜服侍；万一父母不幸病故，要竭尽悲哀地料理后事；对于父母去世后的祭祀，要竭尽思慕感恩之心，庄严肃敬地祭奠。这五个方面都做到了，才能称得上是尽到孝亲之道了。

演讲　理解　熟记　躬行　传播

“夫孝，天之经也，地之义也，民之行也。”（《孝经》）

“天地之性，人为贵；人之行，莫大于孝。”（《孝经》）

“身体发肤，受之父母，不敢毁伤，孝之始也。”“立身行道，扬名于后世，以显父母，孝之终也。”（《孝经》）

“君子一举足不敢忘父母，一出言不敢忘父母。一举足不敢忘父母，故道而不径，舟而不游，不敢以先父母之遗体行殆也。一出言不敢忘父母，是故恶言不出于口，忿言不及于己，然后不辱其身，不忧其亲，则可谓孝矣。”（《礼记》）

“谨身节用，以养父母，此庶人之孝也。”（《孝经》）

“今之孝者，是谓能养。至于犬马，皆能有养。不敬，何以别乎？”（《论语》）

“父母之年，不可不知也，一则以喜，一则以惧。”（《论语》）

“孝子之事亲也，居则致其敬，养则致其乐，病则致其忧，丧则致其哀，祭则致其严，五者备矣，然后能事亲。”（《孝经》）

以上八条语录是笔者从国学经典中精选出来的，它们集中概括了孝道的意义、孝道的教育功能和儿女应如何尽孝的内容。

第一、二条阐明的是孝道的意义。孝道与天地同源。父母为儿女的天地。儿女尽孝是天经地义的事。“百善孝为先”，人的行为再没有大过孝的德行了。孝德是评价人的第一标准。

第三、四条阐明的是孝道的教育功能。儿女应时刻牢记，身体为父母所赐，应百倍珍惜。为人的一言一行都应想到父母，安身立命要走正道，不要辱没自身和父母，要立志光宗耀祖。这样，孝道就会成为激发上进的动力、预防失足的防线、照耀人生的福星。

第五至八条阐明的是儿女应尽孝的内容，包括物质赡养和精神赡养。特别指出精神赡养是人和动物的根本区别。尽孝的核心是尽孝心。奉养父母，要始终保持恭敬、愉悦的心态，从各方面使父母感到快乐。同时，要牢记父母之年，及时尽孝，不要因贻误留下终生的遗憾。

笔者认为，若要成为孝子、孝女应至少理解、铭记、躬行、传播这八条孝道语录。

学习人文经典，应在理解的基础上铭记。要铭记，就需反复诵读。古人云：“读书百遍，其义自见”，可见记忆和理解是相辅相成的。因此，对这八条语录以每天读上十几遍为好，直到背诵下来。

孝道的特征是躬行。学一条就要做一条，只有做了才算学了。

由于历史的、社会的原因，孝道教育任重道远。因此，需要学习和研究孝道教育的仁人，在自身学习和躬行的同时，还应热心传播孝道，可以先从这八条语录做起。

我们相信，孝道教育会在和谐社会的构建中发挥越来越大的作用。

马上行动 在社区做一件孝亲敬老的事

孝行日记

年　月　日　星期　天气

第十八课
敬父如天　敬母如地

子曰："昔者明王，事父孝，故事天明；事母孝，故事地察；长幼顺，故上下治；天明地察，神明彰矣。"

——《孝经》

【释义】

从前，贤明的帝王侍奉父亲很孝顺，所以能诚敬地祭祀天，能明白上天庇覆万物之理；侍奉母亲很孝顺，所以能诚敬地祭祀地，能体察大地孕育万物之道；从而，理顺处理好长幼秩序，所以，对上下各层就能治理好；明天理，察地道，就能彰明神灵，得到福报。

演讲 敬父如天 敬母如地

据报载，“孝”被日本一所小学奉为校训。在该校大厅正厅，悬挂着文天祥手书“孝”字的拓片。“孝”是文天祥的遗训。所书“孝”字笔力苍劲，气势感人。“孝”字下又书“敬父如天，敬母如地，汝之子孙，亦复如是”。该校对文天祥遗训推崇备至，奉为校训，代代相传，教导学生以“孝”为一生做人处世的根本原则。

文天祥是宋朝的民族英雄。他的一首《正气歌》“人生自古谁无死，留取丹心照汗青”流传万代。他在遗训中传承孝道，也是留给后人的宝贵的精神财富。

“天”、“地”是古人认为承载万物、孕育万物的主宰。自天子以至庶人，皆以敬天、敬地为第一大事。明清两代，均在北京天坛、地坛举行盛大的祭天、祭地仪式，乞求福运。

中国人在遇到危难时，往往在第一时间脱口而出的就是：“我的天啊！”“我的妈呀！”可见在国人的心中早已“天”、“母”合一了。子曰：“夫孝，天之经也，地之义也，民之行也”，可见孝敬父母是天经地义的事。“敬父如天，敬母如地”，就是说要教导我们的后代，要像尊崇天地那样孝敬自己的父母。

南方有一所小学，在迎校门的影壁上最醒目的大字是：“要爱你的妈妈！”这真是在幼小的心灵中播撒孝道种子的好经验。孝敬父母包括物质赡养和精神赡养，随着社会经济的发展和精神文明的进步，躬行孝道会越来越重视精神赡养。要让父母颐养天年，才是尽了最大的孝心。孝道不重在孝“物”，而重在孝“心”。父母不求儿女对家有多大贡献，只盼你常回家看看，说说话，谈谈心，精神上得到慰藉。

文天祥在遗训中特别重视孝道的代代相传。我国国民道德水平滑坡的一个重要原因，就是孝道传承的断代。孝道，既要靠言传，又要靠身教。“今天，你如何孝敬你的父母；明天，你的儿女将如何孝敬你。”这已被万千家庭证明过的家教定律，应使代代已为人父母的家长们铭刻在心，提升自己的孝心，以孝行为儿女做出榜样：“敬父如天，敬母如地。”这样，才能实现“汝之子孙，亦复如是”。

文天祥的遗训在日本成为校训，应引起国人的深思。我们对自己民族传统文化的价值，是不是还应进一步提高认识。这里，使我不禁想到清华大学的校训“自强不息”、“厚德载物”选自《周易》，北京二中的校训“敬业乐群”选自《学记》。这些都启示我们进一步认识中华传统文化的博大精深。要提高德育实效，要提高家教的实效，我们的教育工作者、家长们，务必提高教育工作的文化品位，让教育充满文化，以文化塑造国魂，切实培养真正中国人的后代。

演讲　孝当竭力　忠则尽命

《千字文》启示后人“孝当竭力 忠则尽命”，这句名言应成为每个华夏子孙的座右铭。

《千字文》流传至今，已有一千五百余年，全书一千个不重复字，行文流畅、气势磅礴，文辞高度概括，内容涵盖历史、天文、地理、伦理、教育、农艺、园林、祭祀、饮食于一文，为唐、宋、元、明、清历代启蒙必读课本。《千字文》传承中华文化功不可没，可谓中华之百科全书缩影。

《续千字文》的编创者、著名的《千字文》研究学者、书法家启蒙（史昱正）先生深刻指出：《千字文》“潜藏着人们思想行为的价值观念、道德理想、人生追求和审美趣味，具有很强的传承性，成为喜闻乐见，源远流长、千古传颂的诗章”。

“孝当竭力”指明，儿女尽孝应当竭尽全力。文昌帝君在《元旦劝孝文》中指出：“为人子者，事富贵之父母易，事贫贱之父母难；事康健之父母易，事衰老之父母难；事具庆之父母易，事寡独之父母难。”也就是说，当父母处于贫贱、衰老、寡独困境时，仍能一如既往地尽孝，才可称为竭力尽孝。这不禁使人想起背着母亲上学的河南大孝子张尚昀。他是长春税务学院的大学生。母亲半身瘫痪，无人照顾。他为了完成学业，同时照顾母亲，毅然背起妈妈上长春，边读书、边打工、边照顾妈妈。他洗过盘子，卖过菜，上火车站扛包，到建筑工地运砖，经常一天干十一二个小时。劳累再加上营养不良，

1 米 80 的小伙子，体重只有 55 公斤。没钱坐火车，为了给母亲治病，他硬是蹬三轮车，从长春，经四平，过沈阳，下锦州，入山海关，用了 20 多天，穿越 800 多公里的风雪路程到唐山。尽孝给了他无穷的学习动力，日后他在 1000 多名考生中，以笔试、面试综合考分第一的优异成绩考上了开封市国税局的公务员。他妈妈的病，经过一所医院的免费治疗，已大有好转。这位当代的大学生堪称竭力尽孝的楷模。

“忠则尽命”的现代意义，是指作为国民应当以为民族、为国家献身作人生的最高境界。岳母刺字“精忠报国”，流传千古，正是父辈对儿女“忠则尽命”的教诲和嘱托。当代，人们对职业有了更多的自我选择的余地，但无论从事哪种工作，都会有风险和意想不到的突发事件，当大难临头、祸从天降时，能否有心理准备毅然“舍生取义”，达到“忠则尽命”的人生最高境界，实在是无法回避的考验。这里，我们不禁想起航天英雄杨利伟和他的战友们，他们每一个人的信念都是：选择了当航天员就是选择了献身，选择了脸不变色、心不跳的“忠则尽命”。

孝敬父母，忠于国家，这是中华民族传统美德的核心，愿它代代传承。

马上行动——为自己的慈母画一幅肖像

孝行日记

年　月　日　　星期　　天气

朗诵诗

母亲节

尹世霖

有这样一个日子，
它伟大而又平凡；
全世界所有的人，
都应该把它纪念。

每当五月太阳高照，
五月百花娇艳，
五月草原嫩绿，
五月春风吹遍，
这伟大而又平凡的日子，
仙女般降临我们身边。
它的名字叫“母亲节”，
在五月第二个星期天。

世上哪个人没有母亲？
世上哪个人没有童年？
谁的生命不是母亲赐啊？
人生之梦不是母亲圆？

人之初和母亲挨得最紧，
母亲给我们最早的宫殿；
没有人比母亲爱得最亲，
母亲做出了全身的奉献。
我们和着母亲心脏跳动，
身体紧连着母亲的血管，

直到“哇”的一声出世，
伴随着母亲痛苦的叫喊。
我们的哭声还没有落地，
母亲的泪眼变成了笑脸。

最伟大的爱是母爱，
母亲的爱呀处处在。
从香甜可口的乳汁、
　　柔和温暖的胸怀，
到轻盈悦耳的催眠曲、
　　细心包裹的婴儿袋；
从小学一年级家长会、
　　一心想的是要成材，
到步入社会独立生活、
　　一心惦记着儿在外；
从跌跤子母亲伸出手，
　　叫着“爬起来、爬起来”，
到建功立业母亲抿嘴乐，
　　还得“向前迈、向前迈”；
伟大的爱呀母亲的爱，
无处不在啊无时不在！

东西南北千万里，
古往今来千万载，
士农工商三百行，
男女老少一代代，
千种恩情情如海，
第一真情是母爱。

母爱从来不掺假，
　　爱子之心与生来。
无论是达官贵人，
　　还是农家妇女，

无论是初为人母，
　　还是姥姥奶奶，
都有这比金子还闪光的情，
　　比日月还永恒的爱。
这爱既能化作滴滴甘露，
　　又能汇成巨流澎湃。

母爱最博大，
　　如百川归海；
母爱最崇高，
　　如峻岭山脉；
母爱最纯洁，
　　如白云蓝天；
母爱最无价，
　　如霞光天外……

每年要过多少个佳节，
最温馨的就是母亲节。
送给母亲一缕微笑吧，
那微笑胜过千恩万谢；
献给母亲一次团聚吧，
这团聚胜过好多日夜。

母亲节的一朵康乃馨，
是深深的祝福；
母亲节的一个轻轻吻，
是无边的喜悦。

母亲节不要求张灯结彩
不要求颂歌鼓乐；
像伟大无私的母亲，
从来不要求感谢。

那就让我们向——
亲爱的母亲、母亲的母亲
中国的母亲、世界的母亲
献上这首真情的诗歌，
和着我满腔的热血……

尹世霖 教师作家，中国作家协会会员。自1957年开始儿童朗诵诗和历史文学创作。出版有几十部诗文集。本诗选自《字字春风——尹世霖50年诗文珍藏本》。

课程篇《十八孝行图》作者简介

刘洋 毕业于首都师范大学美术学院油画专业。现任北京二中美术教师。2005年执教的《校园形象设计》一课，参加“首届全国基础教育课程资源博览会”优秀成果展。2006年在第二届《和平的旗帜》世界儿童呼唤和平绘旗展览中，荣获园丁奖。2008年12月在华东师范大学科教合作研究中心举办的全国部分省市“聚焦课堂——高中课堂教学研讨活动”中上研究课，荣获一等奖。

参考书目

1.《孝说》——陈爱平著　重庆大学出版社　2007年2月

2.《孝与中国文化》——肖群忠著　人民出版社　2001年7月

3.《中国古代孝道资料选编》——山东大学出版社　2003年11月

4.《孝道——〈天下父母感动中国的50个故事〉》——吕明晰　中国青年出版社

5.《孝经图典》——微言编　云南美术出版社　2005年12月

6.《二十四孝图说》——李然　上海大学出版社　2006年6月

7.《新二十四孝》——郑开慧编　上海人民出版社　2006年10月

8.《感动中国——2004感动中国年度人物》中国青年出版社　2006年5月

9.《孝经我读》——林觥顺著　九州出版社　2006年1月

欣赏

文天祥手书

案例篇

孝行天下　德满人间

案例一 北京市国子监中学：寒假孝行实践，弘扬孝道文化

国子监中学自参加了“孝道德育”课题研究以来，就把孝道德育工作与学校日常教育工作结合起来，有机地融为一体。在范基公老师的指导下，先后组织了孝道文章诵读活动、孝道主题班会活动、孝道主题实践活动等，以培养学生具有良好的孝道之心、孝道之言、孝道之行。

今年寒假前，有幸读到了范基公老师的《人生必修：孝道十八课》一书的初稿，阅读后深受教育与感动，这正是给我们学校在孝道教育中提供的最好教材。为此，学校结合第三届读书节开展了“读书与孝道结合的假期实践活动”，将十八课的内容分别发给各个年级，要求学生自己阅读、自主实践、自觉完成感受写作，并提出了具体的要求。实践证明，孝道教育主题实践活动是德育的好形式，我们今后还要继续开展这方面的教育活动。

——国子监中学教育处

一、寒假孝行实践活动内容安排

初一：

1. 为母亲梳一次头
2. 为母亲剪一次指甲
3. 晚上为父母各倒一杯水
4. 为父母和长辈盛饭
5. 为父母和长辈表演一个节目
6. 为父母洗一次脚
7. 为自己的慈父画一张像

初二：

8. 为自己的慈母画一幅肖像
9. 为父母朗诵一首表达孝心的诗或一篇散文
10. 给父母或长辈削一个水果
11. 为父母做一次按摩，可捶捶背或揉揉腿
12. 在社区内做一件孝亲敬老的事

初三：

13. 为父母做一道他们喜欢吃的菜
14. 临摹文天祥的手书“敬父如天 敬母如地”，并置于自己的书桌前
15. 为父母洗一次衣服
16. 给父母写一封感恩信
17. 和父母一起进行一项健身活动
18. 在父母患病时，要知道父母吃的是什么药，要提醒父母按时服用；如果是汤药，作为儿女要先尝一尝，温度合适了，再端给父母喝

要求：

1. 阅读相关语段
2. 写一篇感悟文章（不少于600字）
3. 可以拍张照片

4. 可以请家长写反馈意见

5. 每班至少选择3个主题，每个主题的感悟至少上交3至5份。以便于开学后开展活动

6. 开学报到时上交

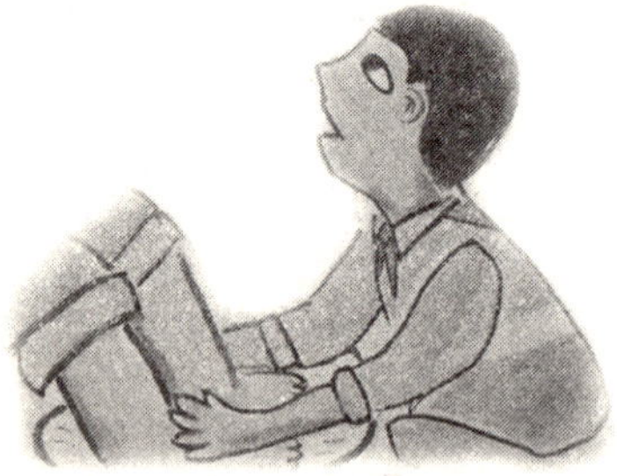

二、学生孝行实践体会

（一）为母亲梳头

1

今天早晨起来，我把妈妈拉到了镜子前让她坐下，我拿起梳子，给妈妈梳头。

我拿出了妈妈几年前的照片，她一头乌黑闪亮的秀发自然地披落下来像黑色的锦缎一样光滑柔软。记得我小时候，最喜欢用小手抚摸妈妈的秀发。

我攥着妈妈的头发，发现她当年那墨染一般的青丝，现在有的已经白了，像一堆冬天的雪，头发也没有以前那样浓厚、油亮、光泽。

我认真地给妈妈梳头，妈妈头上的白发就是这些年历经风霜、饱尝艰辛的最好见证。

妈妈的白发许多都是为我而白的。记得我小时候，妈妈骑自行车带着我回家。在车上，我的脚总是前后摇晃，妈妈说我，我也不听，依旧摇晃着，妈妈也不再理我。“啊”！一声尖叫，打破了妈妈的思绪，妈妈边问我边停下车，“瑶瑶，怎么了?”我不回答，只顾大声哭喊。妈妈变得更紧张了，她支上车，蹲了下来，看到我那只稚嫩的小脚别在了车轱辘里，正流着鲜血。妈妈一时也慌了手脚，不知该怎么办。这时，妈妈注意到了自己脚上的丝袜，急中生智，急忙脱下丝袜，用其中一只小心翼翼地把我的脚包扎好，用另一只丝袜把我的右脚固定在车架上，防止再次别进去。妈妈带着我飞速地奔向医院。医生把丝袜解开，抹了点儿碘酒杀毒，再用纱布仔细包扎。我痛得大声哭，妈妈看到我那痛苦的表情，也流下了眼泪。疼在儿身，痛在娘心。其实妈妈比我更加痛苦，更加难受。父母为我们着急、生气，都是为我们好。小树不修剪枝叶，是不会成材的。父母的叮嘱与教诲，我们要牢记，他们是

长辈，有经验，会比我们懂得多。

初一（1）班　万梦瑶

2

我看过很多让自己感动的故事，但是我唯独没有做过一件让父母感动的事情。

感动一词名为何意？它是从内心发出的一种感叹，是用一种语言无法形容的情感，有可能是一句话或一个动作，一霎间内心受到了震撼。这种震撼一下子浸遍全身，甚至泪流满面，这名为感动。

其实做一件让父母感动、欣慰的事情很简单。可能只是为母亲梳一次头、捶捶背就会让她十分感动。在我看来可能是件小事情，很快就会忘却，但是对于母亲而言就会记忆好久，只要一想起就会不禁露出笑容。

在寒假里，我破天荒地为母亲梳了一次头。我把母亲拉到椅子上，拿起梳子……我愣住了，那一缕缕苍白的发丝夹杂着那为数不多的黑发。虽然妈妈染了发，但是在头顶依稀可以看见那黑白相间的头发。我有些恍惚，是否要为父母做些事情呢？

梳头对于我来说只是一件简单的小事情，却能让母亲高兴，我们为什么不让母亲高兴呢？再者，父母把我生下来，赋予我生命，养育我，让我学习，将来为祖国做贡献。他们为我操劳白了头发，他们不求我的回报，只是默默地为我付出，在我高兴的时候跟我一起开心地欢笑；在我生病的时候，为我担心，静静地守在我身边；在我难过的时候，安慰我；没事，静静陪伴着我。

回想起他们为我做的一切，一幕幕画面在我的脑海中回放，一声声的教诲在我耳旁回荡，这一切的一切我不应该回报吗？不应该感激吗？不应该说声谢谢吗？人生在世，要尽孝道，不管父母怎样严格要求，他们的出发点都是好的，都是因为爱。他们无私的付出，我永远无法回报。为什么呢？是因为爱是无价的。

初一（1）班　武婧玮

3

今天，我史无前例地为母亲梳了一次头，让我有了很深的感触。

我先端来一盆热水，把梳子搁在旁边，让妈妈坐在椅子上，用洗发水给妈妈洗头。我仔细地搓着，让洗发水充满整个头发，再冲一下就洗完了。然后拿了块毛巾把妈妈的头发顺着擦了一遍，又用吹风机一点一点地吹着每一根发丝，直到吹干为止。我这才帮妈妈梳理那被吹风机吹得凌乱的头发。我慢慢地细细地梳那每一根发丝，每梳一点都会夹杂着几根白发，我发现妈妈的白发比以前多了很多，似乎我再怎么拔也永远不会拔完。妈妈老了，头发不再像以前那么黑亮柔顺了。妈妈为我操劳得实在太多太多，妈妈也累了，她为我付出了青春，给予了我太多无私的爱。那我就不要辜负父母，也要学会孝顺。在平常生活中应该主动帮父母做一些事，看见父母累了，主动过去帮父母捶捶背，让父母心中感到安慰。要理解父母的苦心，每天要在学校好好学习。

总而言之，言而总之，要从现在做起，无论做人，还是做事，都要把孝道放在第一位，以孝修身，以孝交友，以孝齐家，以孝立业。

初一（1）班　朱新颜

（二）为母亲剪指甲

1

很多时候，我觉得自己已经足够大了，因为我能清楚地辨别是非，果断地做出自己觉得不可能的决定。但是妈妈总是说我太小，这是为什么呢？

我的妈妈，已经40岁了，脸圆圆的。我常常在想，如果我不看着她，是否还能记起她的模样来。也曾这样试过，当然是又看见她唠叨时板着的脸了。我有时跟妈妈笑着说，我是一个称职的女儿，就算远隔千里，也忘不了妈。临了自己低声补上一句，爱唠叨。是的，妈妈爱唠叨，我去学校，她总是把说过许多遍的话再说一遍，要多喝水……我一边低着头快步往前走，一边把她的话落在后边。她总是这样。她很疼我，虽然骂我说我的时候极其厉害，可就是有一点，从来不舍得打我，每每说起要打我的时候总也下不了手。

我是一个不太乖的孩子，任性、调皮、贪玩全都在我身上体现。有时候自己想想，自己都不能容忍，妈妈却一次次地宽容了我。是不是只要是爸爸妈妈，就都可以变成这样呢？

后来，我已经想明白了，这是因为我是他们的孩子。

也有很多的时候我想变成母亲，体会她唠叨我时的滋味，宽容我时的大度，教导我时的耐心。可是，我成不了她，于是我贪婪地汲取着这属于我的一切，关于她对我所有的爱。

我是爱妈妈的，所以我想努力变成一个乖孩子，我想让她成为一个幸福的母亲。

我要说，对不起，妈妈，请原谅我的不懂事。也要说，谢谢你，妈妈，拥有你的爱，我很幸福。

这是我第一次为妈妈剪指甲，也是我以前从未想过的事情，我想也会是我许多年之后还会想起的事情。记忆中从未浮现过妈妈的手的样子，我从来都是在回避着什么，因为我作为妈妈的孩子却从来没有为她付出过什么，像她对我那样。我感到深深的愧疚。

当我捧起妈妈的那双手，我却想起小时候的一幕幕来。是这双手，哄我进入梦乡；是这双手，带我迈入知识的殿堂；是这双手，给我一次次擦干眼泪。我知道这双手所带给我的一切，一切的幸福和快乐。妈妈的手要比我的手胖些，皮肤发红，我知道，这是洗衣粉长期侵蚀、抹不去的痕迹。妈妈的指甲很短，剪完后的样子圆圆的，像岁月打磨掉的样子。我拿着剪指甲刀轻轻地把它们剪掉，发出脆脆的声音，就像妈妈对我轻声的呵护。妈妈微笑地看着我，她什么也没有对我说，因为她的女儿已经长大了，这是对于一个母亲来说最幸福的事不是吗？我一边剪一边静静地流下了泪来……

这是我和妈妈之间的所有描述。现在我写下这些文字，真的想告诉她，这么多年以来，我爱她。

初一（2）班　胡月琴

2

今天，我为母亲剪指甲时，妈妈一直微笑着，看着我的手笨拙地剪。我不时地抬头看着妈妈的脸。妈妈老了，真的老了，脸上的皱纹更加明显。这是我第一次这样仔细地观察妈妈。妈妈的头发有些零乱，还有几丝银白。顿时，我的心里酸酸的。

平时，妈妈起早贪黑地辛苦，是为了谁？是为了我呀！妈妈平时说我又是为了什么？是为了我好呀！而我竟嫌妈妈唠叨，我还有良心吗？妈妈，对不起！我让您伤心了，请您原谅我。

心里想着这些事儿，我不小心把妈妈弄疼了。妈妈下意识地把手抽了一下。我马上对妈妈说："对不起，妈妈。"说着我揉了揉妈妈的手，很后悔刚才的不小心。妈妈微笑着说："没关系。你今天怎么这么乖？""我觉得平时做了让您伤心的事，很对不起您。"我哽咽着说，差点没哭出来。妈妈拍了拍我的肩，对我说："傻孩子，不用觉得对不起我。只要以后呀，要好好学习。"妈妈温柔的话让我感动极了。我保证，以后不会再和妈妈顶嘴了。

我一直以为，只有像我这样的孩子才是需要被关心的，从来未曾想过妈妈的感受。我一直认为妈妈是很强大的，我可以永远生活在她的庇护下。我从未去体会她的软弱。当我大声地顶撞她时，她该是多么无奈。我从来没有看见过她一个人流泪的样子，却总是对她做出太多的抱怨。

直到我惊奇地发现妈妈对我的爱是多么的深沉浓厚，我被感动着，她甚至不愿意让我付出一丁点儿。

当我提出要为她剪指甲时，她惊讶的样子让我愧疚地流下泪来。我从来没为妈妈剪过指甲甚至做过一件小事。这对于我来说也许是一种遗憾。

所以我要从今天起，怀着一颗感恩的心，认真学习，报答妈妈，让她看到一个令她欣慰的女儿。

初一（2）班　闫青青

（三）为父母洗脚

1

我有读日记的习惯。今天吃完早餐，翻开小时候的日记本，读了三四篇，我便仿佛又回到了童年。记的那时候，妈妈每天都送我上学接我放学，还会帮我背上那十分沉重的书包。每每送到学校门口她都会千叮咛万嘱咐，那时候我每天都会很烦，总觉得妈妈太唠叨了！可现在想起来那时真是不懂事！想一想除了我们的父母还有谁会这样说？小时候妈妈总为我洗脚，今天我也要为妈妈洗一回脚。

这对我来说是"大姑娘出嫁——头一回"。晚上我看见妈妈正要洗脚，我就走过来。“妈妈我给您洗脚！”我一边推开妈妈的手一边说。妈妈先是满脸惊讶地看了我一会儿，然后说：“嗯——不用了，你有这份心就行了，不用了。”“不！您就让我给您洗吧！我也应该尽一尽孝心呀！”在我的极力要求下，妈妈终于答应了。我推开妈妈的手。在那一瞬间，我感觉到妈妈的手是那样的粗糙！而那正是她平时辛苦的写照呀！我轻轻地揉搓着妈妈的脚，抬头一看妈妈脸上正洋溢着幸福且欣慰的微笑。洗完了我小心翼翼地替妈妈擦干。最后，我听到了长这么大我最想听到的夸奖，“我闺女真是长大了！”妈妈说。

今天我不仅尽了孝心，还深深地懂得了一个道理，那就是：爸爸妈妈是世界上最爱我们的人！那我们是不是也应该以好好学习去报答他们呢？天下的哪个父母也不会奢求自己的儿女有多么大的成就，只是希望我们能健健康康快快乐乐地长大，能有出息，不辜负他们的期望。

努力学习吧！为了报答我们的爸爸妈妈，当然更是为了我们自己！

初一（5）班　郭佳立

2

为爸爸洗完脚后，感受颇多。我看出了爸爸的辛苦，看出了爸爸对我的期望，看出了父亲的不易。

昨天晚上，看着工作一天的爸爸回到家后，我萌发了一个新念头：“给老爸一个惊喜，为他洗一次脚吧！”于是说干就干。我接了三四盆水，倒在足浴盆里。我去请爸爸。爸爸一脸的惊奇，问：“你要干什么？”我自豪地回答：“我要给您洗脚啊！”虽然这时候爸爸面目表情没有变，但我猜他的心里一定是美滋滋、暖洋洋的。我的手放在足浴盆里，和爸爸的两只大脚一起随着气泡的节奏而揉搓着。我高兴极了，觉得自己长大了，能为父亲洗脚了。

突然我发现爸爸的脚底很硬，像石头一般。起初，我以为自己是碰着别的东西了。于是，又摸了一下，发现还是那样的硬，我心里有些难过，心想，这就是爸爸整日为我奔波劳累的见证呀！他太不容易了！太辛苦了！而我平常是怎么做的呢？我有时不理解他，心里会出现一些逆反的心理。我知道，爸爸现在不用我回报。但就算这样，我该怎么做呢？我应该用最优异的成绩去回报他，用遵守校规的行为来回报他，用良好的品行来回报他。想到这里，我的眼泪不经意间流了出来。我被父爱的伟大、无私所感动。爸爸无论多么劳累、多么辛苦都从来没有抱怨过。

这次为爸爸洗脚，使我受益匪浅，将会让我终生难忘。

初一（6）班　康晓雯

3

父母是生我、养我、教我的人。在我的记忆里，母亲总是一副很疲倦很累的样子，但她从来没有向任何人表达出来。母亲对我一向是关爱有加，对我的要求也是从来没有不答应的，而我却总是在经济、精神上给她增加负担，让她为我操心。随着年龄的增长，特别是学校开展的孝道德育活动，班主任老师时时对我们进行的“懂得孝敬父母的孩子，才懂得怎样做人”的教育，是我渐渐感觉到自己是多么的傻，一直想找个机会来弥补自己的过错。

正好，借学校设计的寒假“蓝天工程”活动中参与一项读书与孝道相结合的实践活动这个机会，帮妈妈洗一回脚，以弥补做儿子的对母亲亏欠的爱，真正在行动中体验和感悟“孝敬父母”这个中华民族传统美德。

那天晚上，妈妈和往常一样拖着疲倦的身子回来了，吃过饭，我将准备好的洗脚水端到了妈妈的身边，说：“妈，这个水温我试过了，您好好泡个脚吧。”

妈妈先是吃惊地看着我，然后满心欢喜地准备脱掉鞋袜。“妈，您别动，我来。”

我蹲下身子，帮妈妈脱掉鞋袜，把她的双脚放进盆里，轻轻地揉搓着，我的双手感受到了母亲脚上厚厚的老茧，我的心就像打倒的五味瓶，很不是滋味，眼睛也模糊了。我细心地帮妈妈洗着脚，妈妈的手抚摸着我的头，我感受到了妈妈此时的幸福。

无论母亲脚多脏，无论母亲的脚有多么难闻，我都没有丝毫的不情愿，因为妈妈为我所做的事远远超过了这些。

妈，对不起。请原谅我以前不懂事，原谅我的懒惰。我已经不再是那个逆反心强的孩子了，我长大了。

通过这次给母亲洗脚，我更深刻地体会到了母亲的伟大，母亲的不容易，现在的我应该多多关心自己的父母、孝敬自己的父母了！

初二（1）班　王国强

4

每当望着妈妈筋疲力尽的模样，我想：妈妈太累了。报纸上说泡脚能驱除疲劳，不妨我也来帮妈妈洗洗脚，让她解解乏！小时候，无论我的脚有多脏，妈妈都会帮我洗得干干净净，现在该是我感恩的时候了。

于是，我便做起了为妈妈洗脚的准备工作。我先烧了一壶开水，拿来洗脚盆和毛巾，把开水倒进盆中，又加了些凉水。紧接着，我又往盆中洒了些花露水，热气腾腾的洗脚水散发出一股淡淡的清香。

我把洗脚水端到妈妈面前，笑着对妈妈说：“洗脚吧！”妈妈十分惊讶。我又说：“妈妈，香九龄十岁就可以温席了，我都十四岁了，我为您洗脚怎么了？”说着便脱下妈妈的鞋和袜，让她的脚浸在水中。

我将妈妈的脚从上到下，小心翼翼地反复搓洗着，并用手捏揉。妈妈经过我这一番按摩，渐渐热了起来，水也渐渐凉了，我又加了一些热水，继续揉搓着。过了一会儿，我把毛巾拧干了，帮妈妈把水擦干净。

父母对我恩重如山，这情这债是我无法还清的！我只有平时做个有心人，抓住点点滴滴的机会，关心他们，用自己的实际行动来回报他们，常陪他们聊天，帮他们做家务。这些情感回报，对我们来说力所能及，比起大人对我们的付出，却显得太单薄，太渺小。

初三（1）班　安家鑫

5

今天，我为父母洗了一次脚，在这一次洗脚中，我受到了很大启发。

晚上，我对妈妈说：“今天晚上我为您洗一次脚，好吗？”妈妈听了我这句话，为之一震，但我从她的眼角的皱纹看来，那么几丝皱纹明显的舒展开了。于是我就端来一盆水，我用手试过温度以后，端在妈妈的面前，我为妈妈脱去袜子，把她的脚放入水中，我用手为妈妈洗脚，妈妈关心我的那一幕幕又出现在脑海中。妈妈曾经为我洗过无数次脚，而如今我还是第一次为妈妈洗脚。我用手轻轻地为妈妈搓脚，我抚摸着妈妈那双干枯的双脚，我的眼眶里不禁蓄满了泪水。我努力不让自己掉眼泪，最后我抬起头来，看着妈妈，而妈妈正慈爱地看着我，我的内心真是为之一震。

我想从今以后，不仅要为父母洗脚，一次、两次、三次……还要为父母做更多的事，来报答父母多年的养育之恩，“谁言寸草心，报得三春晖”。

最后我想说：“爸爸妈妈我真的很感谢你们，我爱你们！”

初一（6）班 甘 菲

6

我们刚一入学，学校就组织我们开展了“古诗文诵读”活动，我个人的感受是非常大的。尤其是在《弟子规》的背诵中，我学到太多的东西。今天我就从“入则孝”说起。

一般人总认为孝顺父母是不用学的，但是在《弟子规》里却教我们怎么做才是一位孝顺孩子应有的表现，这使我受益匪浅。若拿这些规矩来检查我们本身的言行，你一定会觉得自己在为人子女上有许多的缺点。我们真算得上孝顺的孩子吗？如果还离得很远，就应当来学习怎样孝顺父母。

这个假期前，学校布置了我们一项作业——孝敬父母！为了完成这个作业，我苦思冥想，绞尽脑汁，还是没有想出：做一件什么大事才能让父母感动呢？最后，我转念一想，大事做不成，就做小事吧，总得完成作业吧。想到父母天天为我倒洗脚水，于是就也想给父母倒一次。

那天晚上，我走到父母房间，和爸妈说明了来意，便行动起来。我拿起暖水瓶便往洗脚盆里倒水。唉，怎么没有呢？一问母亲才知道今天的热水没有烧。嘿，平时知道天天有水喝，哪里关心水还要天天烧，一天不烧就会闹“水荒”。真是出师不利啊，我心里想。于是便接了水在液化气上烧。水是烧上了，可是烧多长时间才行呢？母亲告诉我，烧开了就行。这看似简单再不能简单的事，可又让我丢尽了脸。水刚冒起就要关火。妈妈见了赶忙说：“还要等等，水还没有完全开。”不一会，水终于开了。接下来，该给父母倒洗脚水，倒了热水兑了点凉水。我给爸爸妈妈各倒了一盆，试也没试，就端了过去。爸爸高兴地连声说：“谢谢。”“哎哟”几乎同时喊起来。把本来认为万事大吉的我吓了一跳。一问，这就更令我羞愧难当喽。爸爸说，水太热。而妈妈说水又太凉了。那我平时洗脚为什么水总是不凉不热呢。妈妈笑着说，每次我们都给你试了又试，调了又调，如果等你时间长，见水凉了，还要再加些热水。我恍然大悟，原来如此啊。唉，我不由感叹：这点小事做好还真难。

做完了这件事，我赶紧回到房间，现学现卖，就地取材，想提笔一挥，写下感受。提起笔来，我思绪万千。这件事让父母感动了吗？为什么要处心积虑找事？一件我认为很小的事，可做起来并不是得心应手。我陷入了深深的思索中，父母为我做的一件件事都浮现在我的眼前。

我明白了，之所以为父母做一件感动的事这么难，是因为父母给我的爱是无私的，远远多于我对他们的爱。他们对我的关怀是无微不至的，而我对他们的关心是不够的。同时，我认为自己的自理能力不强，即使有这个心，也不一定有这个力。最重要的一点是，我不是发自内心地为父母做事，而是被动的，又怎能想出并做出令父母感动的事。

人生在世，父母和我们最亲，对我们的恩情也最重。努力学习侍奉父母的礼节，把孝道当成一项大事业，用心经营，才能立足于天地之间。

初三（4）班　董　颖

（四）为父母倒杯水

1

尽孝道不一定要做一件很伟大、很惊人的事。这次寒假，学校让同学们为家长做一件事来回报家长，我选择为爸爸妈妈泡杯茶。

那天晚上，大家都吃完了晚饭。我偷偷地走到架子旁，不声不响地拿了两个杯子和一盒茶叶走到我屋。我很仔细地往每个杯子里放了一些茶叶，然后倒入开水。待茶水的香气已经散发出来的时候，我端着两杯茶到爸爸妈妈面前，说："这是给您们泡好的茶。"我看到他们的表情都十分幸福。此时的我感觉整个屋子里都暖暖地充满了茶的香气。

这一刻我明白了，儿女只要为父母做一点小事，他们就会感到幸福。而尽孝道的目的就是这样，让父母有一个心灵的感觉。记得有一次，我把一首有关母爱的诗写在一张彩纸上，周围还画了一些装饰物。回到家，我念给妈妈听，直到现在妈妈仍然保留着那张纸。

其实尽孝道的人也会很幸福，每当我看到父母因为我为他们做了些小事而满脸笑容时，我都会有一种说不出的高兴，我在心里也会欣慰地一笑。

通过这次活动，我觉得我应该经常做一些这类事情，因为我明白正是因为父母的爱是无私的，我才能茁壮地成长。他们的付出我是应该回报的，而这仅仅的几次是不够的，所以我要经常做。

初三（4）班　刘娇然

2

就在这个寒假，学校为了让我们为孝道正位，给我们留了一个孝行的作业：为父母倒一杯水。

在接到这个特殊的任务后，我想：不就是为父母倒一杯水吗？这有何难？那天，妈妈买年货去了，我的行动也要开始了，我跑到附近的张一元茶庄。哇！好多的茶叶呀，怎么挑选呢？买什么样的茶叶好呢？这里有龙井、茉莉花茶、绿茶、红茶等等！妈妈喜欢喝什么茶呢？对了，上次妈妈买了一些茉莉花茶闻着好香呀！它们的价格高低不等，我挑了一个价钱适中的。200 元一千克，我拿出平时积攒的零花钱，买了 250 克。回到家，我先坐了一壶开水，然后把茶叶放进杯子里，再把开水倒进去，沏成了一杯热气腾腾的茶水。这时，妈妈刚好回来了，我递上了一杯茶水，说了一声：“妈妈，您辛苦了！”可谁知妈妈的眼眶竟然湿润了……咦？这个场景怎么似曾相识？哦，我想起来了……

这时我的思绪不由得飞回了两年前的那个母亲节，学校同样也是为了让我们实践孝道，给我们每人发了一封母亲节的礼物，让我们送给母亲，并为她们献上节日的祝福。回到家，我把那盒礼物递到了妈妈的手中，同样也是一句：“妈妈，您辛苦了！”妈妈同样也是感动得热泪盈眶……

妈妈十月怀胎生下了我，又含辛茹苦地把我养大，辅导我的学习。在我生病时，又在床头替我担心。我想着平时生活中的点点滴滴，眼看着母亲眼角的鱼尾纹越来越多，我觉得我真的应该好好反思一下了。我平时是不是为父母做得太少太少了，以至于我做这么一点点的事就令父母感动？在平常的日子里，我们就应该为父母时常做一些力所能及的家务，时常为父母沏上一杯茶，捶一捶背，在父母下班回家时说上一句：妈妈（爸爸）您辛苦了。把我们中华民族的传统美德传承下去……

初一（2）班　孙博峰

（五）为父母盛饭

1

我的感悟是：如果一个人在自己的家庭里能做到孝敬父母，让家庭气氛和谐的话，那么这个人走入社会，她的人际关系会很和谐。他也会生活在一个融洽的环境里。总之，孝道是人类社会和谐的本源，而社会的和谐是以家庭的和谐、个人的和谐构成的。

在学校的倡导下，我选择了为父母盛饭的方式来践行孝道。

我第一次为父母盛饭时，父母的反应不大，也没有说什么。第二次的时候，父母很惊讶，“平常的小懒猫怎么开始干活了？”第三次的时候，父母的眼中充满了欣慰，说我终于懂事了。

我的父母不会夸张地表扬我，但是他们的眼睛已经告诉我了，他们很幸福。我觉得，不管你为父母做什么，大事也好小事也好，父母都会很高兴，不见得一定要用礼物和钱来表达，多回家陪陪爸妈，爸妈就会很高兴，只要能将自己的心意传达给父母，哪怕只是洗个碗，扫个地。

初一（3）班　胡瑞雨

2

在这个假期里，我表示我的孝顺，每天都给父母盛饭。以前我很少这么做，因为从来没这样想过，所以父母看到我的表现很开心。这给了我很大感触，仅是为父母盛一次饭，尽一次孝，父母就会那么开心。

回想父母平时对自己的呵护，为自己做的每一件事都表达着他们对我的关爱。人活在世上，离不开父母的养育。在人的各种美德中，孝敬父母是最重要，排在首位的，中华民族几千年来就一直具有这种尊老爱幼的传统。

其实孝敬父母并不用去做什么惊天动地的大事，我们只要从平时的一些小事上做起就可以尽我们的孝心。当母亲做家务时，自己若闲着，便可以去帮忙一起做，减轻母亲的负担；当父亲工作回来累了在沙发上休息时，端上一杯茶，说上一句：“辛苦了。”四季交替时，穿着问题自己照顾好自己，冬天多穿些不要受凉，冻着，注意饮食卫生，这样可以不让父母担心。同时还要关心父母的饮食起居，天凉了，他们有没有加衣，这也是在尽孝。平日里与父母讲话，和和气气，不顶嘴。把父母的教导记心里，从外面回来主动问候父母，这都可以表达对父母的孝顺。这样的日子一久，家里就会更和睦，生活也更美好。

初一（4）班　翁京娇

（六）为父母削水果

今天，我分别给爸爸、妈妈削了一个苹果，当我将苹果递到他们的手里时，我看出了他们的脸上写满了惊讶与激动。

看着爸爸、妈妈一口一口吃苹果，听着妈妈一个劲地跟爸爸说：“今天这苹果真甜！”我的心里有说不出的高兴，还有说不出的惭愧。因为长这么大都是爸爸、妈妈无微不至地关心着、照顾着我，到今天才第一次吃到我给他们削的苹果，就显出那么幸福的样子，我真的是懂事太晚了。

现在，我们已经是十四岁的中学生了，要懂得感恩。削一个苹果只是一件很小的举动，我还要做更多力所能及的事。比如说帮助父母扫地，擦桌子，做饭，料理家务；自己的事情自己做；关心他们的身体健康；理解他们的辛苦。我还要让父母少为我的事操心，要体谅父母，理智地看待他们在教育、管理我时出现的失误。看到父母心情不好时，要安慰他们，或给他们讲几个笑话，父母可能就不再郁闷了。

总之，孝敬父母，就是用十倍百倍的爱回报他们给我们的爱。

初二（2）班　王云鹏

（七）为父母做菜

1

在这个假期中，我给父母做了一道家常菜，名字叫做西红柿炒鸡蛋。本来以为做菜是很简单的事情，可是我做的时候真是手忙脚乱，大费周折。我明白父母每天为我做饭的辛苦，也明白了很多道理。

当我把菜端给父母时，我看见父母开心满意的模样，我心中也充满了对父母的感激及愧疚。父母辛辛苦苦抚养我长大，可是在日常的生活中，我常常惹父母生气，不理解他们的做法，父母的微笑让我明白了，他们是多么的爱我。

孝德是中国传统美德的核心内容之一，在几千年的中华优秀传统中，是极其推崇的，孝是立德之本，是形成美德的起点和基础，孝敬父母已经成为评价一个人综合素质的重要标准，可是同学们真的做到了吗？当我们看见不孝的人，都会对他产生反感，这是每个人都会有的反应，这是良心的体现。大家都已经知道孝是非常重要的，说明道德在我们心中占据了重要的地位。

我终于明白了百善孝为先！

初二（4）班　宋　琨

2

这个假期，我给父母做了一道菜，当我把菜端到父母面前的时候，我看到了他们欣慰的笑。简简单单的一道菜却让他们如此高兴，从这件事情中，我明白了很多。我体会到了什么是“孝”，该如何去行孝。

“孝”是中国文化中最悠久、最基本、最重要、影响最深远的传统伦理观念。在《孝经》中，“孝”被开宗明义地肯定为“德之本”和“教之所由生也”。

孝敬不只是嘴上说一说，也要付诸行动。虽然我们还小，有一些事我们做不了，但我们可以做一些力所能及的事，比如说，洗洗碗，扫扫地，分担家务也是在孝敬亲人。

把孝亲当做责任、义务，与从孝亲中获得幸福，两者是可以统一起来的。并且前者正是后者的源头活水。对于具备起码道德水准的人来说，想到父母把自己拉扯成人所吃的千辛万苦，所担的虚惊害怕，所投的真疼至爱，倘不能尽孝心，必深感负疚而痛苦；如能尽孝心，使父母衣食丰足，身体康健，精神愉快，自己难道不会因此感到欣慰和幸福吗？

有一种人生观是以使别人获得幸福为幸福的。我们孝敬自己的亲人使他们感到幸福，那么，我们不是也会感到幸福吗？

初二（4）班　王　丽

3

如何才算孝敬父母呢？也许“孝”不一定是轰轰烈烈的大事，点滴平凡的小事也可以算作孝。做饭应该也算孝吧，我考虑了很久，准备做菜，做麻辣豆腐。

我准备了好多材料：辣椒、花椒、豆腐、盐等等东西。我备好料后，开始是倒油，然后倒豆腐，放材料，炒菜时呛得我一个半死，真的好难过啊！做好我一看，豆腐都烂了，但味道还好。我把饭菜端上桌，看妈妈那高兴的样子，我也很自豪，妈妈不断地夸我，说我长大了。

吃过饭后，我亲自把饭碗洗干净。洗碗的时候，我想了很多，这么小的一件事妈妈就那么的感动，不断地夸我长大了。我觉得我应该常常帮妈妈做一些家务事，让她开心并放松，不用那么累。我已经长大了，要好好地做我力所能及的事。

初二（3）班　李晓宇

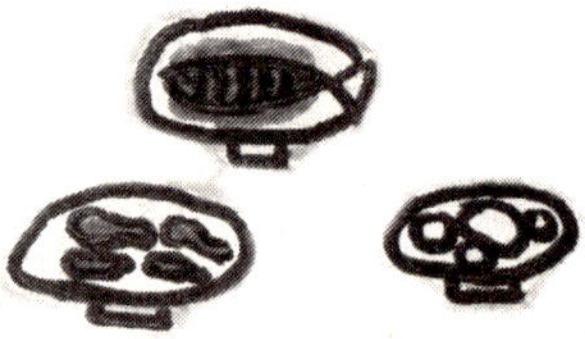

（八）为父母洗衣服

1

“父母教，须敬听；父母责，须顺承。亲爱我，孝何难；亲恶我，孝方贤。”这是选自《弟子规》中的《入则孝》一段中的两句话，它简单明白地向我们阐述了孝道的含义：那便是要听父母的话并要孝敬父母。

读了这则《弟子规》，从小娇生惯养的我便备感羞愧。从小到大，许多我力所能及的事却总要父母来做，日久天长，父母也养成了习惯，事事都为我提前准备好，我又何曾为父母尽过孝心呢？于是，我便决定为父母做一件事，尽一份孝心。

说干就干，我将家里的脏衣服全搜来，放在盆里用洗衣粉泡好，还学着妈妈平时洗衣服的模样，拿着搓衣板左搓右搓。可那板子就是不听我的话，总是在水盆里“跑来跑去”，弄得我半个小时连一件衣服都没洗完，还把水洒了一地，溅了一身。这令我的父母哭笑不得，便说：“哎呀，都是我们把你给惯的，瞧你都成什么样子了！”我很愧疚，但还是使劲搓了起来。

临近春节的北京还是很冷。虽然我不断往水盆里加热水，但那些热量似乎没有贮存一分钟就被冬日里的寒风带走了。我的手一次又一次伸进冰凉的水中，早已冻得没知觉。父母望着我那双冻成茄子般的手，很是心疼。而此时，我也体会到了父母在为我洗衣服时的不容易，特别是在冬天。

通过这次的孝行，我悟出了一些道理：在现如今这个科技迅速发展的年代，不管是贵族家的子弟还是寒门家的孩子，都需要较早懂得生活的艰难、父母的艰辛，从而，尽孝心，做善事，报恩情，让孝心较早地在心灵扎根。

初三（6）班　杨志元

2

打我呱呱落地到现在已有15个年头，这15年中，父母伴我，风也走过，雨也走过。我不曾忘记父母那早出晚归的身影，更不曾忘记他们那越发憔悴的面容。他们为了我呕尽心血，在这残酷的现实环境中努力打拼，而我却无法为他们尽孝道深感内疚。于是，我决定替父母洗一次衣服，尽一回孝道。

堂堂七尺男儿的我显然是不太适合洗衣服这项工作的，但我还是把满腔热情全部寄托在洗衣机上，让斗志昂扬的洗衣机去战胜那沾满汗渍的衣物，让父母感受到我对他们的爱与崇高的敬意。我打开了洗衣机的电源。霎时，它像一个充满爱的力量的原子弹，左右颤抖着，似乎随时要爆炸的样子；它‘咆哮’着，震颤了大地，也震颤了我的心灵。

“嘀——”，一声长鸣，洗衣机停止了转动。如同一场轰轰烈烈的战斗结束了。我拿出浸在水里的衣裳，一股无名的清香飘荡在屋中。

我把它们拿到阳台，我惊住了：屋外，不知何时飘起了大雪，城里的星空与万家灯火，还有那鹅毛般的雪花，构成了一幅不可多得的画面。我看了看衣服，它看起来与平时不同，不是它有多干净，也不是那么光彩夺目，而是……

几丝寒意开始侵蚀我，我只好回到家中。刚迈进屋，一股暖流扑向了我，这是家的温暖。父母刚到家，看到我为他们洗了衣裳，露出了久违的笑容，是那样灿烂与生动。

饭后，我再次来到阳台，雪还在下，城市淹没在了白色中。我好高兴，不仅因为这久违的雪，更因为我为父母尽了一回孝心。

初三（6）班　徐　堃

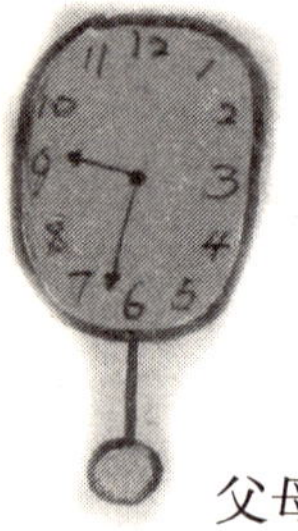

（九）帮父母搞家务

1

在十多年前的某一天，我呱呱坠地，父母疲惫而会心地一笑，幸福极了。父母用他们的笑容迎接我的到来，但也就从那一刻起，他们就多了一项繁重的工作——照顾我。

我该怎样报答父母呢？今天就要为爸爸妈妈做一件力所能及的事情吧——帮父母刷碗。

吃完晚饭，我抹掉了嘴角的油，清了清嗓子说：“今天我来刷碗，您们俩就去房间休息吧！我保证把碗刷得干干净净！”爸爸妈妈什么都没有说，抚摸了我的头一下就走进了房间。我自信地收起碗筷走进厨房，左手拿起洗涤剂，右手捧起一只碗，挤出了一点点洗涤剂放入了碗中，碗中出现了许多气泡，再用清水一冲，一个镜子般的碗就出现在了眼前。我越洗越开心，不到 10 分钟，我就把 5 个碗全部洗好了。就剩下最后一个碗了，我心想一定要坚持到底，还是按照老样子拿起碗，但因为手上还有洗涤剂，太滑了，一不小心就把碗摔了个粉碎。“这该怎么办呢?”因为太紧张了，我蹲下身子开始捡摔碎的碎片，哪知道怎么这么倒霉，不仅仅摔碎了碗，还把自己的手划了一个小口子。

这时候，妈妈从卧室里走了出来，她的手中还拿着一个创可贴，我的眼泪涌上来了。妈妈细心地帮我把手包好，默默地把碗的碎片收拾干净。在这个过程中，妈妈没有抱怨过一句，脸上还带着微笑。

静下心想想，我能有今天的幸福生活，能有一个温馨的家，并且穿着得体，备受宠爱；还能接受良好的教育；平日里空闲了，可以上网打游戏，或是去参加户外运动；嘴馋了可以和朋友出去大吃一顿，高兴了能和朋友喝茶聊天；碰上节假日，还有机会去各地旅游放松心情，充分享受物质生活的舒适和安逸……所有这一切，都离不开父母。

可是，我回想起父母为我做这些事情的时候，发现他们竟然没有丝毫的抱怨！我知道父母给予我们的是最博大、最无私的爱，我也要把这最博大、最无私的爱回报给父母。

初一（3）班 韩 雪

2

今天家里没人，到了晚上妈妈还没有回来。正好，我想让妈妈高兴高兴，也尽一下孝道。于是我想到了帮妈妈清理厨房。今天妈妈走得匆忙，没有来得及收拾厨房，正好我来干！

可是刚一进厨房，我就被成堆的碗筷和油乎乎的瓷砖吓了一跳，不知从哪里下手，真不知道妈妈每天是怎么把它们都弄整齐的。我决定先刷碗筷，再把灶台的墙擦一遍，最后把厨房所有的柜子擦干净。别看就这几样活，其实挺费劲的。我先刷碗。倒上洗涤灵后，再用刷碗布刷，不一会就弄完了，可是反过来一看，背面还有油，没办法只好返工。又用了一些时间，终于刷干净，码放在柜子里，我看着一只只洁净的碗很高兴。

最后是擦瓷砖。瓷砖上都是炒菜时溅上的油和污垢。我先在铁刨花上沾上一些洗衣粉，使劲地擦，可是太干了根本擦不下去，我只好用妈妈平时用的去油污剂。我把这东西喷在墙上一擦——真的管用，油渍很容易下去了。

妈妈回来非常高兴，虽然我已经筋疲力尽了，但能为妈妈做家务，我心里还是甜滋滋的。

通过这次干家务我懂得了“看花容易，绣花难”的道理，一些事看起来很简单，可是做起来却很难。虽然我擦瓷砖擦得不干净，但是我努力做了，而且我知道了没有做好的原因，下次肯定会有所改进。同时也理解了妈妈的辛苦，她每天既要工作，又要做那么多家务，多累呀！我不但没帮她做家务，还总惹她生气，学习马马虎虎不认真，太不应该了。我今后一定要多帮妈妈分担家务，做个品学兼优的好学生，不辜负父母的期望，而且以后一有空时就要帮助父母做一些力所能及的家务劳动，替他们减负。

初三（4）班　石东岳

（十）为父母演节目

1

有一个感人的孝道故事：从前，有一个人年过 50 岁，为了逗年迈的父母开心、快乐，就天天为他们表演节目。子孝双亲乐，家和万事兴。所以，今天我也为父母演节目，让他们开开心心地过春节。

我首先把爸爸妈妈拉到沙发上坐下，再给他们倒了一杯茶，随着爸妈的掌声，我演了一个又一个节目，他们开心得合不拢嘴。

我第一个表演的是扑克牌魔术。这个游戏是关于猜牌的游戏，我让扑克牌有数字的一面对着他们，装作很神秘的样子，然后说："看好了！这张牌是方片6对不对？"爸妈不信我真的是有特异功能。就让我又猜了好几个，洗了好多次牌，他们才罢休，可是，我的"透视眼"的神奇功能还是没有消失。

妈妈坐在沙发上，很欣赏地看我的魔术，而爸爸却使劲地睁大了眼睛，决心看出我的破绽。我知道爸爸在偷偷地找秘密，我就捂得严严实实的，偏不让他看出来，还小心翼翼地提防着爸爸那双显微镜眼。

最终爸爸什么都没有看出来，妈妈却哈哈大笑，我们俩一个是想方设法，一个是谨慎小心。之后我给父母演了一个又一个节目，爸妈也按捺不住了，也开始给我表演起节目来，一家人开心极了，其乐融融。

为父母演节目，让父母开心起来，心情愉快，这就是为父母尽了孝道。

初一（3）班　韩　宁

2

孝，是中华民族的传统美德。我这次为了尽孝，让父母开心，决定唱一首歌给父母，来表达我对他们的感激之情。

当父母听说我要给他们唱歌的时候，他们很惊讶，弄得我很不好意思。我鼓起勇气唱起来，眼睛不敢看他们。唱完了一曲《全家福》，父母不停地夸我唱得好，他们很开心。这让我很惊讶，父母任劳任怨地抚养我这么多年，短短的一首歌，就可以讨得父母的欢心，父母是多么容易满足啊！

鲁迅先生曾说过一句话："不孝的人是世界上最可恶的人。"要使家庭和睦，我们一定要孝敬父母，团结兄弟姐妹。

传说中有这样一个故事——《埋儿奉母》。有一个人叫郭巨，他是晋代隆虑（今河南林县）人，一说河内温县（今河南温县西南）人，原本家道殷实。父亲死后，他把家产分作两份，给了两个弟弟，自己独取母亲供养，对母极孝。后家境逐渐贫困，妻子生一男孩，郭巨担心，养这个孩子，必然影响供养母亲，遂和妻子商议："儿子可以再有，母亲死了不能复活，不如埋掉儿子，节省些粮食供养母亲。”当他们挖坑时，在地下二尺处忽见一坛黄金，上书“天赐郭巨，官不得取，民不得夺”。夫妻得到黄金，回家孝敬父母，并得以兼养孩子。

看完这个故事，大家也许都震撼了。郭巨竟可以不管自己的亲生儿子来尽孝自己的母亲，这有点不近人情啊。

我想，我们要想孝敬父母，不用做这么离奇的事情，只要为父母扫地、刷碗、捶背、梳头……做一些力所能及的小事就能让他们非常开心。

学校开展的这次活动，让我体会到了孝的重要性，了解了关于孝道的知识，希望以后多开展这样的活动。

初一（4）班　谢荻秋

（十一）为父母按摩

古有卧冰求鲤，今有为母卖肾的孝行。生在新时代的我，享受着父母爱的阳光，虽然没有到用身体器官孝敬父母的地步，但也可以在小事上尽一点儿我们的孝心。

今天爸爸累了一天了，我又一次心疼地把爸爸扶到床上，给他捏背。我轻轻地捏起爸爸背上的肉，一抬手，肉就能拽起老高。爸爸趴着在那里享受着独生女儿给他的孝敬，幸福之余还时不时地说两句：“嘿！姑娘捏背的技术哦，是越来越高了！”可他却丝毫没有感觉到，自己为他这个宝贝姑娘操劳得皮肉都已经松弛了许多，那可恶的白发也越来越多地爬上双鬓。此时的我，心里却是酸酸的：“老爸呀，您为女儿操劳了大半辈子，太辛苦了！”

“呀！我才捏了几下，爸爸的后背就已经红成一片。”妈妈告诉过我，如果身上被捏几下，很快就红了，就证明上火了。我的爸爸呀，您为了女儿生活得更幸福，每日辛勤劳作；为了女儿学业进步，再忙再累也不放弃每天对女儿学习的关注，女儿现在怎么做也报答不完您的亲情。

古人云：“谨身节用，以养父母，此庶人之道也。”可是我却想起了小时候，对您的批评一次次地置之不理，还时不时地顶撞您，我真后悔。

总听人们说：“家长给孩子付出多少，孩子多会儿也感受不到；孩子给父母付出一点点，父母却会感动半天。”是啊，记得有一次我给您和妈妈炒土豆丝，尽管那道菜炒得又黑又咸，可您们依然把它吃得精光，还夸自己的姑娘长大了。

孝是人格之本，是实现家庭和睦、构建和谐社会的一剂良药。爸爸、妈妈放心吧，你们的女儿要从孝敬自己的爸爸妈妈做起，成为孝道的传承者、践行者。

初二（1）班　郭　婕

2

孝心是中华民族的一种传统美德，是人们世代流传下来的善待长辈的一种礼教。而我在很小的时候，听长辈讲得最多的，则是《扇枕温衾》、《恣蚊饱血》这样的故事，就连没读过一天书的奶奶，夜深人静时，也会一边吸着旱烟一边给我讲着乌鸦反哺、羊羔跪乳的故事。躺在炕上的我，总是会一边望着窗外如雪的月光，一边轻声地一遍遍问祖母：“这是真的吗？您亲眼看到了吗？”奶奶每次都会郑重地回答，这的确是她亲眼所见到的事。而这时，我都会在心里充满感动，对并不讨人喜欢的黑乎乎的叫做乌鸦的东西也产生了好感，满意睡去。而对于《埋儿奉母》这类的故事我觉得残忍。一次爷爷在饭后给我讲了一个为救患病的父亲而割下自己的肉给父亲做药引的故事，我实在想不通，就跟爷爷产生了争论，我问爷爷：“为什么孝心非要伤害自己的孩子，割自己的肉呢？”爷爷没有直接回答我的问题，而是用粗糙的手抚摸着我的头说：“你们还小，等你们长大了，就懂得父母的恩情了。”

在漫漫成长经历中，我对孝心的体会多来自大人的言传身教。直到这次寒假我通过给妈妈捶背，我才知道孝心如此平凡。即使你为父母做的是一件很小事，可它却尽了你的孝心，这就足够了。它并不一定是多么宏大，可它却包含了你对父母的爱与关怀，这份爱便是孝心，而这份爱凝聚大了便是孝道。

每个人成长的一生，都离不开父母的精心浇灌；每个人成功的背后，都凝聚着父母的爱心一片。所以向父母尽一份孝心，是我们每一个人应尽的责任和义务。有的人认为“只要让父母吃饱、穿暖、居安、行便”就是尽孝了，其实不然。孝心不是一桌山珍海味的盛宴，也不是一身花团锦簇的衣冠，而是一桌平凡的晚餐：暖人心田；是一次心境的交流：无所不谈；是一次举步之劳：常回家看看。

是的，孝心是伟大的，孝心同样又是平凡的，只要你肯发掘，你就会发现它就在你身边，离你并不遥远。

初三（5）班　孟浩然

（十二）和父母一起健身

1

假期虽然短暂，但浓缩的都是精华。在学校的号召下，本人连同本人的家长开展了亲子活动，感触甚深。

原来只是自己运动，现在家长也参与进来，着实是件新鲜有趣的事。我挑选了家中还算是有点运动神经的父亲作为对象，开展活动。

我不知父亲都会些什么运动，便选择了13亿中华儿女几乎都会的乒乓球。父亲毕竟年迈，我毕竟年轻，实力差距却是父亲远高于我，看来国球的力量果然伟大。我一拍子，父亲一拍子，打得有板有眼。“好久都没好好活动了！”这是父亲的感慨。“好久都没跟您一块活动了”，这是我的感受。嘴里叹着，手里却没停下来。眼看父亲早已大汗淋漓，我也气喘吁吁。干脆停下来小憩片刻。“早就该这样了，”父亲道，“我这美丽的将军肚也该练练了。”我点点头，示意继续打，父亲便更有了兴致。新一轮的较量又开始了。这也许就是亲子运动的意义：锻炼身体，增进亲情。

父亲边打边教导我打球之方，我便饶有兴趣地倾听了一番。转眼天色渐暗，我们打算收队。“明天还来啊！”父亲撑着膝盖说。

亲子运动算是开展过了，作为一项作业，它被完成了，但它的意义仍在延续，它在我甚至父亲的心中早已成为一种乐趣，也许很快它就会变为一种习惯。

初三（1）班　范泰文

2

古人云：“百善孝为先。”孝敬父母是中华民族的传统美德。“临行密密缝，意恐迟迟归。”这首诗生动地描绘了慈母对游子的爱与关怀。作为儿女，我们也应该用行动回报父母的爱。

上初三以来，随着学业负担的加重，我的自理能力愈来愈差，以致洗衣做饭的小事都要父母代劳，更别说孝敬父母了。但爸爸妈妈似乎丝毫没有在意。记得那天早上，太阳早早就升到了空中，但毕竟是冬天，天气还是很冷。我坐在书桌前，皱着眉头思考着一道难题，却总也想不出来。爸爸见了，拍了拍我的肩膀，说：“儿子，放松一下吧，和爸爸打球去！”我便放下笔，和爸爸出了门。

一路上，我跟在爸爸的后面，发现他的身影没有我小的时候那么高大了，头上也不时闪过几根白发。我的心中不由得有些伤感。没过多久，我们到了球场，我拿起陌生的篮球，投了起来。爸爸投篮时依旧很准，但上篮的速度明显慢了下来，步伐也没有以往那么大了。不知过了多久，又来了两个人，我们便一齐打了起来。（二打二，我和爸爸一队）渐渐地，我找到了手感，玩得也越来越带劲。猛然间，我发现爸爸上完篮都要休息一会儿。我拿到球，运了几下便交到了爸爸手里，爸爸做了个投篮的假动作，然后杀向篮下，防守者紧跟着爸爸，几乎和爸爸一同起跳。只见爸爸在空中一个变向，然后低手上篮，球在篮筐上转了几圈，终于落入了球网。“漂亮！”我叫道，低下头却发现爸爸正揉着自己的膝盖，表情十分痛苦。“唉，老了，你们玩，我得休息一会儿。”听到这儿，我百感交集。父母把青春和精力都给了我，我又有什么理由不去孝敬他们呢？我便放下球，来到场边，帮父亲揉了起来。

子曰：“身体发肤，受之父母，不敢毁伤，孝之始也。立身行道，扬名于后世，以显父母，孝之终也。”愿天下所有儿女把孝道发扬光大。

初三（1）班　刘　壮

3

古语有云：“百善孝为先。”这话真是不错，宋代的民族英雄岳飞将军为了报答母亲的养育之恩，身背母亲的刺字“精忠报国”，与敌人血战几十载。他孝顺母亲，报效祖国的精神流传千古，让我们后人对他十分敬仰。像他这样的孝子和英雄历朝历代比比皆是。

每个人都是父母生下来的，没有父母的含辛茹苦，十几载的精心培养，一株小苗如何能长成参天大树？无论我们成绩如何，我们总是要感谢父母的。这一次，我和父母共同进行的一项健身活动——长走更让我有所触动。

一个晴朗的周日，我和父母提出自己要外出锻炼的想法，他们先是惊异地对视一眼，随后欣然答应了。开始我还是精力充沛，蹦蹦跳跳，还时不时地对父母说："快跟上啊！"但几个小时下来，我已是累得腿部疼痛，不想再走下去了，甚至开玩笑说一辈子都不要再走这么长的路了。父母只是笑。从他们的笑中，我似乎懂得了点什么。

父母和我一样，他们也不喜欢行走太久。但他们必须走，因为他们要赡养老人，还要支持我们这一代学习。生活的担子压在他们的身上，他们毫无怨言。因为这就是责任，是他们应当承担的责任。那么无论这条路多长，路上多么崎岖，他们都会坚定不移地走下去。

作为子女，我们不能只顾自己的享受，我们还要为父母着想。父母都希望自己的儿女出人头地，报效祖国。为了实现父母的愿望，我们就应该奋发向上，好好学习，努力奋斗，少让父母操心。

其实我们为人子女，无论做什么事都不能离开"孝"这个字。父母和儿女能同住在一个家庭里就是缘分，既然如此我们就要好好珍惜这段来之不易的缘分，孝顺父母，不辜负父母的期望和栽培。孝是我国的传统美德，让我们这一代继续发扬下去，永远铭记：百善孝为先。

初三（1）班 艾 好

（十三）为父母画像

1

我的爸爸是一名工人，40 多岁，苍老在他的脸上是显露无遗，岁月在他的脸上留下了深深的痕迹。

我还是第一次给爸爸画像呢！我很紧张，爸爸坐在床上我开始画，在画的时候我想起爸爸在我小的时候对我十分的好。

给爸爸画像的时候，看到他脸上的皱纹明显比年轻的时候多了很多，还有满头的花白头发，虽然染了可仔细看还是会有白发，这是为我操心操的。

记得有一次，爸爸让我独自坐公共汽车去大姨家。爸爸说："这样可以锻炼你独立生活的能力。”上车的时候，爸爸交代我如何买票，下车的时候要注意交通安全，遇到坏人要打110报警。从大姨家回来的时候，我忐忑不安地走到站牌下等车，不住地向四周张望，心里很是害怕，心怦怦地跳个不停，就像揣只小兔子似的。忽然，我发现在远处的墙根下有一个熟悉的身影，啊，那是爸爸，我飞快地跑过去，马上扑到爸爸的怀里。我知道爸爸让我第一次独自出门，不放心才在暗中保护我，爸爸为我付出了许多，我觉得十分幸福。

画完了，我给爸爸妈妈看，他们都欣然笑了。爸爸妈妈为了多挣钱来供我上学，每天都是起早贪黑的，十分不容易，所以我一定要好好上学，不辜负爸爸妈妈的一片心，以报答爸爸妈妈。

初一（6）班　张媛媛

2

在放寒假前，老师布置我们开展孝行实践活动，我选择了为自己的慈父画一张像。在寒假的前几个星期里，我总是在想该怎么画。

终于，我有了一些想法。在一个星期六我让爸爸坐下来，用铅笔细细地勾勒着，爸爸配合认真。当我画完时，虽然不好看，但我觉得特点很正确。

我从来都没有注意，爸爸的脸这么老这么憔悴，这么饱经沧桑。我又拿着画像和爸爸以前的照片对比了一下，发现了他的皱纹增多了，银色的头发从原来的几根到了大部分都是。脸由原来的青春逐渐衰老了下去。

回想起这些年爸爸对我的操劳不胜枚举。在这段时间里，妈妈不在家，也是他为我忙进忙出。我的手受伤了，又是他用温柔的话语安慰我。我多次想报答爸爸，可终究没有机会。

初一（6）班　赵紫钦

（十四）参加社区敬老活动

1

这次寒假我按照学校布置的社会实践活动要求，去邻居王奶奶家做好事，体验孝敬老人这个中华民族永恒的话题。短短几个小时的实践，我从王奶奶那里深深懂得了，长辈给予晚辈的太多太多，他们一生吃苦耐劳，乌发变成丝丝银发，晚年仍默默奉献。让长辈们老有所乐，不正是晚辈应该做的吗？我也要学会照顾他们。

那天，我来到王奶奶家帮她做事。王奶奶是我们家的邻居，因为她的儿子和女儿都在外忙工作，一般只有逢年过节时回来和她聚一聚。即使这样，王奶奶每天都乐呵呵，她常常请一些朋友到家中来做客，也常常来和我们说说话。王奶奶很有文化，她常常读一些名著，有时还向我推荐几本书。

在王奶奶家，我帮她打扫了地面，整理了一下屋内的摆设。王奶奶边看我干活儿，边询问了我的学习情况，还帮我分析了不足的原因。那时我被感动了，并且提出了一个奇怪的问题：人为什么会感动？王奶奶说："生活里不是缺少感动而是我们缺少发现感动的眼睛和心灵。因为只有单纯的人容易为一些简单的事感动并快乐，单纯的人总是快乐的。"简单的话语，让我明白了一个道理。我想王奶奶应该就是一个单纯的人吧！

王奶奶还询问了我父母对我提了什么要求。我说："他们很少对我提要求，总以自己忙为借口。"王奶奶却说："你呀！知足吧！人的欲望是无止境的，看到听到的东西越多，自己想得到的东西也就越多。站着的想靠着，靠着的想坐着，坐着的想躺着，这是人的一种通病，说好听一点是不断追求，其本质就是一种不知足。你好好想想你的父母早出晚归都是为了你呀！人呀！知足常乐。"

听完王奶奶的这番话，我感到吃惊，没想到一位快60岁的老太太也能说出如此有道理的话，我心里由衷地钦佩她。

这次我不仅仅做了一件好事，还懂得了不少道理，真是收获不小呀！

初二（1）班　邵自豪

2

近年来，许多小学、幼儿园等都带领孩子诵读《弟子规》。我看到一位家长写的收获：他带女儿读《弟子规》，每当念到"亲爱我，孝何难；亲恶我，孝方贤"的时候，内心总是不平静，终于下决心改变对婆婆不好的态度。读了这段话，我间接地知道人要孝敬自己的父母和别的老人。

我们这个社区就有很多身体不好的老人，他们大部分都是有人照顾的，但是也有一些老人由于种种原因得不到照顾，我决定去照顾他们一回。

于是第二天，我便去了我们的社区居委会。进去以后，我正好看见了一位老奶奶，我跟居委会的一位阿姨说了我来这里的目的，她便让我帮那个奶奶干活，我很高兴地接受了。

那位老奶奶对我说："来，小姑娘，去我家帮我干活吧。"说完，我便跟她走了。

进了她家，她告诉我只要帮她扫扫地就可以了。我去她告诉我的地方拿起了笤帚，便开始"奋斗"。

扫完地后我回家躺在了床上，虽然感觉很累，但是心里面却很高兴。

第二天，我去居委会交考勤表，又见到了那位老奶奶。她说她对我昨天的表现很满意，她也很高兴。

以《弟子规》为起点的孝道教育，不仅会滋润代代人的孝心，而且会有利于促进和谐家庭和和谐社区的建设。

初二（1）班　高丽影

3

今天，社区给我派了一项任务，就是帮助社区的一位残废老人收拾、整理房间，我听到这个任务以后，非常高兴。一进房间就闻到了一股刺鼻的臭味，再一看，整个屋子的纸箱子堆到了屋子的一半儿。这时我经过了老人的同意后，我把纸箱子全都给卖了。卖完以后，把桌子上的果皮纸屑全都扔到了垃圾箱里，把桌子和椅子用湿毛巾从头到尾地擦了一遍。

擦完后，用笤帚扫了一遍地，扫完之后，又用墩布擦了一遍地，这时只见地面光亮了许多，可以照出人的影子来。擦完地以后，我又立即把沙发上的脏衣服放进了洗衣机。过了不久，衣服洗好了，我又把衣服晾了起来，不一会儿，就到中午了。

到了中午，我还给老人做了可口的饭菜，四菜一汤，老人吃了我做的饭以后非常满意。吃完饭以后，我还把碗给洗了。这时，这间屋子像变了个样子似的，非常干净和整洁。老人感动地流下了热泪，我知道，这是激动的泪水，没等老人说话我就默默地走了。

在大家的相处中，我想应用亲近和平等的心理去面对，孝敬老人，实实在在为他们做几件事，这就是我对孝道的感悟。

初二（1）班　张碧荧

（十五）给父母写感恩信

1

尊敬的爸爸妈妈：

您们好！

从小我就在您们的教育下长大，所以，您们的恩情我不会忘记的。人常说感恩是人生的第一感情，不懂得感恩，就连禽兽都不如。一个人对社会没有感恩之心，能“滴水之恩，当涌泉相报”吗？感恩是中华传统美德千百年来代代相传的孝道，孝道教育就是感恩教育，所以，在感恩节这一天，每一个人都应首先向生身父母表达真挚的感恩之情。

现在的我才知道，感恩能使人构建高尚快乐的精神世界。懂得感恩的人，总觉得自己对长辈、老师、亲友、社会做得不够，甘于奉献，乐于助人。这样的心态，值得让我学习，并且这种心态能让人和平、愉悦、快乐，心态决定精神，感恩的心态是人生的快乐，幸福的源泉。比尔·盖茨曾满怀深情地说：“对于这个世界，我们不应该有过多的苛求，而应抱着感恩的态度。所以，每年的感恩节，对于我来说都是一个非常快乐的日子。因为在这一天，我发现，原来世界上有这么多善良的人和美好的事物。”我想他的话也说出了我的心声，我们应该把生命中的每一天都当做感恩节，天天都要感恩！

谢谢您们！

此致

敬礼！

女儿：江丽

2

感谢您，母亲

母亲，这是一个只要叫起来都会让你感到温馨的称呼。母亲，这是世上最伟大的一类人！

母亲，您的爱是无私的，您的爱是无处不在的，您的容颜会因岁月而苍老；您的发丝会因岁月而花白；您的步履会因岁月而迟缓，但您对我的爱永远一成不变。这是人类最伟大的感情，天地间最厚重的羁绊。

刚上小学时，我的成绩不是很好，主要缘于我不写作业。您知道这件事后就让我当着您的面写，我粗鲁地把所有桌子上的米面扫到地上，您只是静静地看着我，您的目光中有生气、伤心、失望。我立刻明白我错了，从此以后努力学习。

当我拿到我人生中第一个满分时，我兴冲冲地奔回家，高举着手中的卷子。那一刻您欣慰地笑了，同时对我说："只有一次不算什么，只有持续下去才代表能力。"您的话让我不免有些失落，转而我又投入全新的学习中。

在我小学四年级时，我去参加区里举办的朗读比赛。为了这次比赛我准备了一周，结果却没有得到奖项。回到家里我哭了，哭得很伤心。您静静地站在我的屋外，直到我打开屋门，您递给我一条毛巾。那条毛巾好温暖，让我的疲劳都消失了，待我擦干净脸后，您告诉我八个字"人外有人，天外有天"。

母亲，在我做错事时您像路标，把我指引到正确的路上；在我成功时你像凉水，让我被喜悦冲昏的头冷却下来；在我失败时您像明灯，把我的心照得明亮而温暖。

您对我的爱，"感谢"这简单的两个字无法表达，是我永远也还不完的，但我仍然要说："感谢您，母亲！"若真有来世我愿做您的母亲，像您照顾我那样，给您无限的爱与温暖！

初三（3）班　宋静颐

案例二 北京市国子监中学：新生入学先行拜师礼

北京国子监中学位于文化气息十分浓厚的古文化街，成贤街、国子监、孔庙为学校提供了丰厚的教育资源。校园与孔庙南北相对，儒家教育的思想精髓与孔子提倡的许多做人之道与学校德育工作的指导思想是相通的，因而对现代教育有着一定的指导意义。学校从“挖掘古文化街的文化底蕴，弘扬中华民族的传统美德”出发，把国学教育与学校的德育工作有机结合，努力实现国学育人的办学特色。

传统的文化熏陶着我们、浓郁的书香浸染着我们，不利用这一教育资源将是我们极大的损失。学校把孔庙作为对学生进行传统文化教育的一个基地，开展了丰富多彩的教育活动。

让每个学生终身难忘的是初一新生入学拜师礼。

尊师重教是中国的优秀传统。尊师重教是我们必须树立的社会风气；学校是学生接受教育的主要场所，更要在这方面起主导作用。

在学校，尊师重教的主要表现就是尊师爱生。为了强化师生间庄严而亲密的关系，在专家的帮助指导下，学校精心设计了初一新生入学拜师礼活动。

拜师活动在孔庙的前院进行，仪式分为两大部分。

第一部分在古琴伴奏唱诵“至圣先师孔子颂歌”的背景下，由学校党支部书记读告文。

第二部分在学校团支部书记的主持下，请传统礼仪大师协助主持拜师礼仪：第一，拜孔子为师。因为孔子是中华民族两千多年来的第一位老师，是“万世师表”。进入我校的新生，效法历代祖先，于开学之初，先拜孔子。孔子是各位学童的先师，以孔子为终生之师。第二，拜教授自己的老师。按照我们祖先的传统，学童上学，要给教授自己的老师呈一个“拜师帖”，表明学童学习的志向和诚心。所以我们设计了全体同学诵读拜师帖并向老师呈送拜师帖。第三，老师向学生宣读并还送回帖。因为照我们祖先的传统，学童上学，给老师呈送“拜师帖”，老师接收了帖子，表示师生关系已经确立，老师开始承担教授学生的任务。老师还要给学生一个回帖，表明自己努力教授学生的诚心。

初一新生拜师礼的举行，让学生们在孔庙这样一种肃穆、高雅的环境里感受到优秀传统的魅力，接受传统文化的洗礼，不仅得到了精神陶冶，也为师生关系的良性发展奠定了基础。活动结束后，组织学生认真学习诵读拜师帖，理解其含义、指导其行为，为学生自觉接受教育起到了积极的促进作用。

国学文化中拥有丰富的优秀内涵，其中很多思想、方法在今天仍然具有现实意义。实践与研究表明，把国学教育与学校的德育工作结合起来，对学生进行传统文化的教育，寓品德教育于国学教育中，将起到事半功倍的作用。

学校将继续探索，不断实践，充分发掘地域优势，继初一新生拜师礼之后，将继续探索开展初二学生敬长礼，初三学生毕业礼等系列活动，发挥典礼教育的作用，使国学育人成为本校德育的一大特色。但是，毕竟不同的时代有不同的特色和要求，我们通过弘扬国学文化、开展国学教育来提高德育实效性，需要本着“扬弃”的精神，在实践中深入探索、不断改进。

（教师：路新立　孙　晶）

附：

学生拜师帖

我们新初一，朗声把师拜。国子监中学，热情迎我来。
迈入成贤街，言行知礼仪。跨进我校门，尊师当牢记。
身为中学生，学习最重要。努力学文化，用心遵师教。
读儒家经典，传中华文明。爱校爱祖国，此心真且诚！

北京市国子监中学初一年级全体学生

老师回帖

全体新学生，真诚又聪颖。来我国子监，礼仪要记清。
我等身为师，敬业理当先。学高堪为师，身正才垂范。
传道且授业，解惑最费心。呵护稚嫩苗，观念与时进。
愿君再勤学，尚德求致美。学业有成日，老师最欣慰。

北京市国子监中学初一年级全体老师

（教师：朱　莉）

案例三 北京市国子监中学：孝道教育主题班会

（一）初一（3）班：体验亲情，用感恩的心孝敬父母

班会开展背景

教育部颁布了《中小学开展弘扬和培育民族精神教育实施纲要》，并把每年9月定为“中小学弘扬和培育民族精神月”，要求学校抓住不同的切入点对学生进行民族精神的教育和培养，“中华民族传统美德”是其重点教育内容之一。“孝道”历来是中国传统伦理道理的最基本的内容，也是中国传统美德中做人教育的核心内容之一。针对大多数学生以自我为中心，不理解父母的苦

心和爱心，不懂得体谅、孝敬父母的现状而设计此主题班会。

班会目的

1. 孝敬父母，建设有利于自身健康成长的和谐家庭。

2. 从自己做起，立身行孝。

3. 让学生在平等的对话中体验亲情，了解父母为自己付出的艰辛，懂得感激和报答父母的养育之恩是自己的职责。

4. 让学生理解孝敬父母的具体内涵，弘扬民族的传统美德，学会如何爱自己的父母，进而把这种爱上升到对集体、对祖国的爱，使学生有一种博爱的胸襟。

活动形式

1. 学生与家长、教师互动。

2. 多媒体视频汇报与现场展示互动。

活动准备

1. 搜集亲情体验的资料，制作光盘。

2. 分组排练节目（诗朗诵、歌曲、讲故事）。

3. 邀请部分家长参加。

班会主要内容及活动经过

1. 宣布班会主题（内容略）。

2. 说明班会策划的依据。

①孝敬父母，能帮助建设有利于学生自身健康成长的和谐家庭。

②孝敬父母，能帮助建设有利于学生自身健康成长的和谐社会。

③孝敬父母，有利于学生的自身思想道德建设，以适应社会高素质人才的需要。

3. 明确什么叫作“孝”。

①播放“不孝”的有关报道。

②展示“尽孝”的故事视频。

③指名提问说说对“孝”的理解。

4. 真情回放。

①结合所学的生物知识，通过背自己的书包上课模拟妈妈的怀孕过程，谈感受。

②为父母做一份营养餐，感谢父母的辛苦，并把整个过程记录下来，父母写出自己的感受。

③家长谈自己的孩子为自己做饭后的感受：孩子，你的孝心，我知道。

5. 亲子对话。

①由学生的母亲谈她为孕育、养育和教育儿女所付出的艰辛。

②学生讲父母的故事。

6. 爱的升华：探讨新时期我们怎样行孝。

①学生代表发言：从我做起，立身行孝。

②优秀作文配乐朗诵。

③全班念一首感谢父母的诗歌。

④ 班主任发言。

7. 展示。

①摆放学生的学习笔记。

②自由参观。

③学生给家长赠送自己的礼物。

8. 主持人总结讲话（内容略）

（班主任：侯建辉）

（二）初一（1）班：孝道——做人的根本

班会目的

“百善孝为先”，“孝为德之本”。孝敬父母是我们的传统美德，是每一个学生应该具有的品质。通过班会让学生了解中国历史上孝敬父母的故事及了解新时期的孝子行为，让他们反省自己，如何做一个孝敬父母的孩子。

前期准备

搜集有关古今中外孝子的故事，让学生进行讨论，反省自身的行为，制定出我们的孝敬词。

班会过程

1. 出示“孝”字图，让学生发表想法。（作者、象形文字）
2. 论“孝”的含义。
3. 提问：你知道哪些古代孝子的故事。（有重点发言，讲述古代24孝故事）
4. 讲述当代孝子的故事。（学生自由发言）
5. 你了解父母吗？

①父母每天几点起床？工作几小时，回家累吗？几点睡觉？

②他们喜欢吃什么？喜欢什么颜色？喜欢什么季节？

③他们的生日是哪天？

④他们的愿望是什么？周末你们在一起谈天多久？

⑤父母表达他们对你爱的方式是什么？

6. 你为父母做过什么？他们是如何回应的？
7. 父母为你做过什么？你是如何回应的？
8. 我们可以为父母做些什么？（小品表演）
9. 总结。
10. “八心”孝敬词：

（1）尊老爱老敬老，多给长辈孝心；（2）相敬兄弟姐妹，多让父母舒心；

（3）团结同学朋友，多让父母放心；（4）自觉遵纪守法，多让父母安心；

（5）勤劳节俭懂事，多让父母省心；（6）倾听师长教诲，少让父母忧心；

（7）勤奋刻苦学习，少让父母担心；（8）为国立志成才，不忘报恩之心。

（班主任：朱　红）

（三）初二（5）班：为了父母的微笑

班会目的

“孝道”历来是中国传统伦理道理的最基本的内容，也是中国传统美德中做人教育的核心内容之一。通过学生自我教育活动，学习、继承中华民族优秀文化传统，体会父母、师长、亲人、同学、朋友之间的无私的亲情、友情，懂得滴水之恩，涌泉相报的真正内涵。培养自己的责任感，努力以自己的实际行动，为创造一个美好、和谐的社会做出应有的贡献。

活动过程

1. 主持人宣布班会开始。（背景音乐：《奉献》）

2. 感受父母之爱。（主持人朗读故事《苹果树》，最后播放歌曲《天下父母心》）

3. 诉说父母之爱。

（1）几位同学对父母的真情告白。（伴奏：《世上只有妈妈好》，三位同学朗读感恩信）

（2）首先请××谈谈他与父母间一件感动的事。其次，请××朗读《父母辛苦知多少》。（背景音乐钢琴曲《眼泪》）

4. 算一算我们的成长账。

成长过程中，父母对我们倾注了许许多多，单是物质方面就难以计数，接下来就让我们来算算我们的成长账。

参考数据：

学生写下三餐需要的钱（提供数据：早餐的牛奶 1 元/盒　包子 0.6 元/个　鸡蛋 0.4 元/只，午餐 4.5 元，晚餐 4.5 元）

每天三餐的钱×30（天）×12（个月）×3（年）=××元

每月零花 50 元×12（个月）×3（年）=1800 元

学费×6（个学期）=××元

合计=××元

这仅是我们初中的花费，请同学们来谈谈自己的感受。

亲情——与父母的爱是我们永恒的主题，请同学每人说一句感恩的话。

5. 爱的升华。

（1）10 人朗诵《母亲颂》，配乐《秋日的私语》。

（2）教师与两三个学生到台上领唱，齐唱《爱的奉献》，下面所有学生在第一段后齐唱。

（班主任：王　静）

案例四 北京市第二中学：人间百善孝为先 九九重阳感恩情

“最美不过夕阳红，温馨又从容，夕阳是晚开的花，夕阳是陈年的酒……”金风送爽，岁岁重阳，在美好的金秋十月，在这多彩而丰收的季节里，有一个节日悄然而至——那就重阳节。农历九月九日是我国传统节日重阳节 。重阳节已有2000多年的历史，我国在1989年将每年的这一天定为“老人节”、“敬老节”。每到这一日，各地都要组织老年人登山秋游，交流感情，锻炼身体。不少家庭的晚辈也会搀扶年老的长辈到郊外活动。中华民族有着几千年的文明历史，孝敬长辈是中华民族几千年的传统美德。

为了加强对学生的感恩教育，培养富有爱心、知恩明理、拥有良好社会道德和中华民族优良传统的社会主义新人，进一步弘扬“尊老、敬老、爱老、助老”的传统美德，在每年“重阳节”到来之际，北京二中都会向全校学生发出倡议，要求学生身体力行地为身边的老人奉献爱心，做好事。“人间百善孝为先　九九重阳感恩情”敬老活动的内容和要求有：

一、**树敬老心**。学校号召全体学生要做到：以真情敬老，以真心爱老，以实际行动助老；敬老不以事小而不为，从身边和家庭开始，从我做起，从孝敬父母长辈开始，对长辈讲话使用敬老礼貌用语。平时刻苦学习，生活节俭，少给长辈添麻烦；离家或回家，要向长辈打招呼；勤向长辈汇报自己的思想学习情况；尊重长辈教诲，遇事多做商量；牢记养育之恩，为国立志成才；把对长辈的爱延伸到对他人、对学校、对家乡、对祖国的爱。

二、**做敬老事**。为长辈们做一些力所能及的事（盛饭、洗碗、倒垃圾、叠衣服、叠被子、洗脚、洗衣服、捶背、说说贴心话……）要积极参加敬老社会实践，从身边的小事做起，从回报父母长辈做起，做“尊老、敬老、爱老、助老”的好事、实事。

三、**写敬老文**。真诚地希望同学们用照片记录下自己的、家人的以及社会上的敬老行动，并将敬老故事或感想写成文章，宣传身边敬老爱老的人和事。

“尊老”是中华民族的传统美德，北京二中希望通过持之以恒的感恩教育，将尊老敬老的传统美德在学生中发扬光大。“人间百善孝为先　九九重阳感恩情”活动，让中学生行动起来，献出赤诚之心，伸出关爱之手，行感恩事，做感恩人，用青年人的真心、善心传承中华民族的美德，把更多的爱心传递给老人和亲人。几年来，“人间百善孝为先　九九重阳感恩情”活动，得到了广大学生的积极响应，同学们在学校的真情提醒下，真正学会了换位思考，懂得了感恩和回报。此项活动也得到了广大家长的肯定，家长们发现自己的孩子长大了，懂得回报家人了，感受到了亲情的温暖。

北京二中积极探索新时代背景下，对学生的感恩教育，谱写了和谐教育的新篇章。

案例五 北京市第二中学：中学生十八岁感悟选登

1

虽然在家人心中自己永远是一个孩子，但想想自己也已经快十八岁了，可以说不再是一个单纯意义上的孩子了。回想自己成长的过程，不能算丰富，倒也算充实。当然也是喜怒哀乐相交织。

其中不能不提一件对我有一定影响的事情——奶奶的去世。那时的我还很小，对生死的看法也是模模糊糊，只知道再也见不到她了。后来随着自己一点点长大，回忆起从前感触才逐渐增多起来。或许在这个过程中，积累了更多对她的思念，也同时懂得了家人对自己的重要性。

每个人都有家，而关键在于你怎么看待这个家。是单纯地把它当成一个吃饭睡觉、类似旅店的地方，还是一个能让你无论难过或是开心，都能第一个想到的地方。或许很快我们将离开家，奔赴各地的大学校园。虽然回家的机会少了，但只要心中有这个家，有家里的亲人，可以说就是幸福的。所以我希望每个人能够珍惜，珍惜跟家人在一起的时间，珍惜家里的每个人。

（张　爽）

2

像幼苗长成参天大树，像种子结出累累硕果，像雏鹰的羽翼丰满期盼翱翔天际。今天，我们十八岁，今天，我们成人。

是谁给我们机会看这精彩的世界？是谁用双手为我们撑出一片蓝天？是谁用无私无限的爱在我们荆棘丛生的道路上开辟出一条平坦的大道？是我们的父母，是天下最爱我们的人！

从小到大，父母为我们日夜操劳，他们要让我们成为全世界最幸福的人。正因为有了他们无微不至的关怀和照顾，才有了我们井井有条的生活；正因为有了他们的支持和鼓励，才有了我们对未来的信心和希望。他们精心养育，换来我们的笑容；他们斑白了鬓角，换来我们的成长。他们是我们最该感谢的人！

学会感恩，为他们倒一杯茶，想想他们挑灯陪我们度过的每一个夜晚；学会感恩，为他们做一餐饭，想想他们不辞辛劳抚养我们成人；学会感恩，让他们也感受被爱的温暖。

因为他们给了我们生命，我们要让他们一生幸福！

十八岁，请学会感恩。

是谁教会我们思考？是谁培养我们正直的品格与高尚的节操？是谁几十年如一日地耕耘，播种希望，汗水浇灌，让一批又一批学子收获成功：是我们的老师，是燃烧自己照亮别人、把毕生精力都献给教育事业的辛勤园丁！

从踏进校门的那一刻起，老师便成了我们的第二位“母亲”。世界上不会有人像他们一样，毫无保留，倾其所有，循循善诱，诲人不倦。正因为有了他们对世界的精彩描绘，年幼无知的我们有了梦想；正因为有了他们不知疲倦地谆谆教导，年少轻狂的我们一步步走向成熟稳重。“桃李不言，下自成蹊”。“春蚕到死丝方尽，蜡炬成灰泪始干”。

学会感恩，对老师多一点笑容，想想他们伏案的每一个夜晚；学会感恩，对老师多一分尊重，想想他们用粉笔墨水造就了无数灵魂；学会感恩，让他们知道老师的地位无可取代！这一职业无上荣光！

因为他们给了我们太多太多，我们要把他们铭记一生！

十八岁，请学会感恩！

3

我一个人躺在床上，肚子在没完没了地向我抗议。那句“你到底有完没完呀！别烦！go，out！”总是在我脑海中回荡……

今天是暑假的第四天，吃过早饭，我便在屋中写我的“新作”《复仇》第一回的后几页，写到兴起之时，母亲突然走进屋来，手上端着盘水果。我就当没看见她似的继续写作，她见我没理她，便硬把一片片苹果用牙签往我嘴里送。要知道，我写作时，若有谁打搅那便是死罪。我不想与母亲过不去，便吃了几块，挥挥手，示意“你可以走了”。她会意，出去了。可谁知，没两分钟，她便又端来了一盆洗脚水，边递给我边说：“北北，写得累了吧！泡泡脚放松一下。”我当时正因有一段想不出，而心烦气躁，看见她过来，便把她当做了撒气筒。“你知不知道你很烦呀！这是溺爱！我什么时候泡脚自己清楚，不用你管！”“还是泡泡吧！”“别烦！”“你别玩物丧志！”“你到底有完没完呀！别烦！go，out！”“哗啦！”一声，我回手一挥，把水盆打翻在地，水洒了她一身，也洒了我一身。母亲头也不回地走出屋去，只听“咣！”的一声门响，她出去了。

中午了，母亲还是没有回来。我躺在床上，回想着母亲对我的好，虽然这些好有大部分属于溺爱。

“嘀嘀”这是夏利的喇叭声，别以为这是出租车发出的，这是母亲的车发出的。母亲天天都用这车给我送饭、送我上下学、去游泳馆、体育馆、图书馆、跆拳道馆。虽然这样会很累，但她从来都没有抱怨过。

有一次，她大腿上生了个粉瘤，后来成了大包。医生建议她赶快做手术，可她却因为我学习需要接送的关系，一拖再拖，终成了肛瘘，听医生说得了肛瘘，比死还难受。可她还硬扛到了我放暑假。

有人说，我是由母亲欠的债而来的，可我发现我欠她欠得太多了。母爱是伟大的，是默默无闻的，是无私的，可我竟然还气她。

“咔”的一声门响了，我赶忙出去迎接，打开大门。只见母亲倚在门边，手上提着一包麦当劳套餐。我顿时热泪盈眶，扑向母亲。母亲拍拍我说：“别这样，别这样，有事回家说。”我吃着麦当劳，心里美滋滋的，其实麦当劳已不是第一次吃了，但今天却异常爽。因为这里面拥有母爱，多么难忘的一天啊！

（贺北辰）

4

我是家中独子，从小受到家人无微不至的关怀。又少与外界接触，因而从未真正品味过亲情的温暖。

奶奶是家中最溺爱我的人，也是把我从小抚养长大的人。她不愿让我离家外出，总是怕我受到欺负。说到第一次真正离家，还是因为要参加学校的军训。

记得临行的前一天，奶奶一边为我打点行装，一边不厌其烦地嘱咐我一些重复的话：“在外面要多喝水。夜里再热也要盖好被，郊区夜里凉，别感冒了……”我嘴上答应着，心早就飞到了九霄云外，因为是我第一次离家，对于从未有过的新生活，我的兴奋之情远远胜过了对家的思念。

奶奶一直送我上了车，在车内，我立刻与新同学说笑起来。不知过了多久，我的余光发现，奶奶还在透过车窗注视着我。当我转过头看她的时候，她已经走开了，只留给了我一个弓形的背影。

车子徐徐开动，我也终于暂时脱离了她的束缚，暗自庆幸自己获得了短暂的自由，但这种满足仅维持了一个下午便灰飞烟灭。军训并没有什么高强度的运动，但很考验耐力，一个下午的训练长达 4 个小时，只练习军姿，长时间被烈日烘烤也会使我们的体力很快透支。住宿与饮食条件也与家中大相径庭，面对这样的环境，我竟不由得想家了。

每到晚上，尽管很累了，但总是难以入眠。在家时，无论受到多大的委屈，只要一回家就会烟消云散，而现在，纵有千般苦痛，又与谁人诉说。陌生的人与环境使我只能把苦水往肚里咽。夜里我又被冷风吹醒，郊区的夜果然很冷。

这或许是我最漫长的七天，但我总算熬了过来。我只想一个箭步回到家中，重温家的温暖。进家时，依旧是那么熟悉的环境，依旧是奶奶那重复的话语，我此刻竟有哭的冲动。

奶奶默默地为我洗脏衣服，爷爷则悄悄告诉了我走以后的事情。我走的那天，车子开动了，奶奶竟要爷爷骑着三轮车追赶，直到车上了高架桥。此后，奶奶就很少外出，总守在电话旁，以防我往家打电话时无人接听。她的手边还多了一台收音机，每一个整点的天气预报都不错过。我听得目瞪口呆。

奶奶的文化程度不高，却将亲情作了最完美的诠释，她以一颗最平凡的心抒发了最伟大的爱，只可惜我到现在才明白。我们每个人长大成人都少不了亲情的抚慰，你切身地去感受这样的亲情了吗？不要让它的平凡成为你拒绝的理由，而要让它的伟大成为你感动的理由。亲情是最纯洁的感情，因此我们每一个人都不能亵渎它。

（陈可意）

5

“慈母手中线，游子身上衣。临行密密缝，意恐迟迟归。谁言寸草心，报得三春晖？”同学们，相信大家对这首诗一定都了解。诗中讲的是母亲对儿女的爱和儿女应对母亲有所报答。也许你会觉得这对你来说有些远了，那么我就来说说发生在我身上的事！

那是初三毕业后的暑假，有一天在外面打球，突然不知怎的滑倒了，紧接着是一阵剧痛，动弹不得。朋友们见状，赶紧通知了我的母亲。她很快就赶到了，当她看到我躺在地上痛苦的样子，急得哭了出来，那是我第一次看见母亲流泪……她背起我冲向了医院，医生说我要马上动手术。那晚是我这辈子最难忘的夜晚，也是母亲最难忘、最难熬的一晚。幸运的是，手术很成功，母亲的脸上也露出了久违的笑容。

为了让我不耽误高一的课程，母亲做出了一个让人难以理解的决定——用轮椅推我上下学。因此，从那时起，我就成了一个大家特别关注的焦点——每天都有一位母亲用轮椅推着她的孩子穿梭在车水马龙的路上，丝毫不知疲倦。

人的一生中，要见识许多事物，看到许多景色，有些却被深深印入脑海，像电影的镜头定格在记忆之中。那场雨，那条崎岖的路，那个背影就是我终身难忘的特写画面。

那是一个早晨，我起床后，发现天空阴沉，不一会儿就下起了大雨。我一看，连忙问："妈，咱怎么走呀？""我背你去！"她不由分说就把我背了起来。在雨中，道路崎岖不堪，有好几次她都差点摔倒。雨越下越大，一把小伞怎么能抵挡住狂风暴雨的侵袭呢……我看见水滴从她的脸上滑落下来，也分不清到底是汗水还是雨水……快到学校了，我能明显感觉到她的脚步变慢了，气喘吁吁。好不容易到了学校，她把我安排好，把仅有的一把雨伞塞给了我，转身走出了教室。在窗边望着她那远去的背影，我哭了。这时我才明白了人们常说的那句话："母亲是冬日里的太阳，无私地温暖着自己的儿女……作为回报，我只能更加努力地学习，不让母亲失望！"

朋友们，你想一想：当你一岁的时候，她喂你吃奶给你洗澡，作为回报，你整晚地哭着；当你三岁的时候，她怜爱地为你做菜，作为回报，你把她做的菜扔在地上；当你五岁的时候，她给你买了漂亮的衣服，作为回报，你穿着它在泥坑里玩耍；当你七岁的时候，她给你买了球，作为回报，你用球打破了邻居的玻璃；当你九岁的时候，她付了很多钱给你辅导钢琴，作为回报，你常常旷课不去练习；当你十一岁的时候，她陪你还有你的朋友们去看电影，作为回报，你让她坐另一排；当你十三岁的时候，她建议你去把头发剪了，而你却说她不懂什么是现在的时髦发型；当你十五岁的时候，她下班回家想拥抱你一下，作为回报，你转身进屋把门插上；当你十七岁的时候，她在等一个重要电话，而你却抱着电话和朋友聊了一个晚上……从今天起，我们就是十八岁的大人了，因此，我们更要懂得去爱去回报！那么别忘了比以往任何时候都更深爱着她！也许只是一个微笑，就能让她开心不已……请记住：母爱是天底下最无私的爱！

（孟嘉骧）

案例六 北京第一一九中学：“孝道修身”主题教育活动方案

119 中学是一所具有五十年历史的普通完中校。在五十年的历史进程中，学校经过几代人的传承和创新，逐渐形成了学校自己的办学特色。但随着时代的发展，学校越来越多地发现传统道德观念在新一代学生身上的丢失。尽管学校每年都在开展以弘扬和培育民族精神为主旋律的爱国主义、集体主义、公民道德意识等教育，同时辅以多种形式的教育活动，但总感觉效果不太显著。德育教育面铺得很大，很广，但针对性和实效性不强。

学校在 2006 年曾经开展过“经典诵读”的实验研究活动，意在通过引导学生诵读、理解中华古典名篇、名句触动学生的心灵，提高学生的修养，丰富学校德育教育的内涵。但由于中华古典文化博大精深，涉及的面非常广泛，所以也难免泛泛，主题不突出。

119 中学开展的“经典诵读”活动，一直得到范基公老师的指导，受益颇丰。自从《当代家庭教育报》开设了“范老师谈孝道”专栏以后，学校深感“孝道”教育内涵之丰富，涉及面之广，对人的成长意义之重大，完全可以将“孝道”作为学校德育教育的突破口，以点带面，促使学生养成良好习惯，全面提高学生素质，实现“质量工程”的育人目标。

2009 年，正值新中国六十华诞之年，范老师的《人生必修：孝道十八课》即将出版之际，经校务会研究，学校选择以“孝道”教育为突破口，以《人生必修：孝道十八课》作为德育校本教材，凝聚家庭教育的力量，积极开展“五爱”（爱祖国、爱北京、爱朝阳、爱学校、爱父母）教育，提高学生的人文素养和综合素质，促进学生身心健康成长，尤其是为学生今后的发展奠定坚实的思想基础。

一、“孝道修身”主题教育活动方案

指导思想

以科学发展观为指导，根据青少年身心发展规律，坚持育人为本，重实践的原则，弘扬优秀民族文化，传承民族精神。

目的意义

通过解读中国传统文化精华中的“孝道”语录，学习典型事迹，教育学生孝敬父母，懂得感恩，热爱祖国，承担责任；提升学校教育和家庭教育的文化品位，增强德育的实效性。

活动主题

做父母的好儿女，做民族的好后代。

教材

选用范基公老师编著的《人生必修：孝道十八课（节选本）》作为我校德育校本教材。

教材共八课，每周学习一课。

学习八条孝道语录要做到“理解、熟记、躬行、传播。”

每个学生在每周躬行孝道后要写下心得。

活动步骤

1. 成立活动领导小组。

组长：丁淑清——负责活动方案的制定、组织与实施。

成员：各年级组长、班主任、德育教导员及相关任课教师——负责具体活动的操作与实施。

2. 聘请专家顾问。

范基公老师——提供活动教材，给予活动组成员理论指导。

3. 活动时间。

2009 年 3 月 5 日 ~5 月 8 日，历时两个月。

4. 具体活动安排。

（1）2009 年 2 月 24 日，教师培训。

（2）2009 年 2 月 26 日，召开全校家长会，做好家长的动员工作。

（3）2009 年 3 月 5 日，召开启动大会。

（4）2009 年 3 月 5 日 ~4 月 23 日，利用每周的班会课实践指导学生学习“孝道”的经典名言及典型事例。

学校和各班要布置孝道教育的学习环境；开展适合不同年龄特点学生的有关孝道的朗诵、演唱、绘画、书法等各项活动；发动学生搜集古今中外的孝子故事，学习、交流；讨论并逐步制定“119 中学学生孝道公约”。

（5）指导学生写出学习的体会。

（6）班主任、家长总结学生在活动过程中的变化，形成文字材料，编辑整理形成物化成果。

（7）2009 年 5 月 8 日，以“母亲节”为契机，召开总结表彰大会，总结活动的成果，为后期推广奠定基础。

（8）酝酿成立“孝道的教育功能研究”科研课题组。

二、“孝道修身”主题教育活动家长问卷

下面是一份问卷，希望您如实填写，谢谢您的合作！

孩子所在年级：________班级：________姓名：________

（一）选择题：每一道题只选一个答案，请您在所选答案后的括号内画“√”

1. 您平时对孩子有过“孝敬父母”的教育吗？

有（ ）　有一些（ ）　没有（ ）

2. 您的孩子在家里能主动帮助家长做家务吗？

能（ ）　有时能（ ）　不能（ ）

3. 当您生病的时候，孩子着急吗？

非常着急并为我找药（ ）　还行吧，会劝我多休息，并帮我做一些家务（ ）　一点儿也不着急，还抱怨没人给他做饭吃（ ）

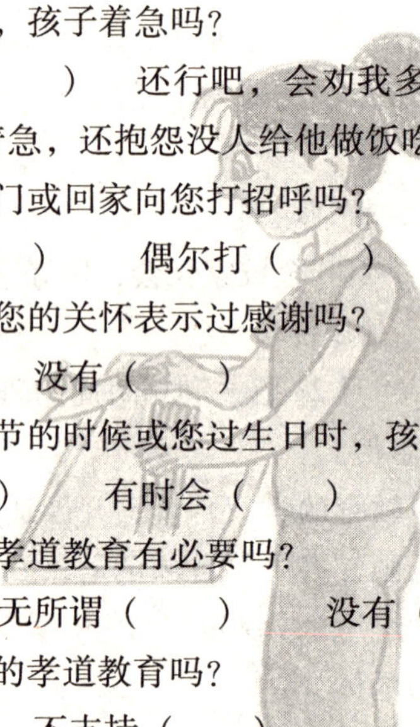

4. 您的孩子每天出门或回家向您打招呼吗？

主动打招呼（ ）　偶尔打（ ）　从来不打（ ）

5. 在家里，孩子对您的关怀表示过感谢吗？

有过（ ）　没有（ ）

6. 在母亲节或父亲节的时候或您过生日时，孩子为您买过礼物吗？

每年都会（ ）　有时会（ ）　不会（ ）

8. 您认为学校开展孝道教育有必要吗？

有（ ）　无所谓（ ）　没有（ ）

9. 您支持学校开展的孝道教育吗？

支持（ ）　不支持（ ）

（二）简答题：

1. 在以下三项家教内容中，请您用数字排一下顺序：

刻苦学习（ ）　遵纪守法（ ）　孝敬父母（ ）

2. 您认为孩子首先应具备的品质什么？

3. 请您写出一句或一段有关孝道的名言或诗句。

4. 您对学校开展“孝道”教育有什么建议或意见？

三、"孝道修身"主题教育活动学生问卷

（一）选择题（单选，在选中的项目括号内画"√"）

1. 你知道父母的生日吗？

知道（　　）　　只知道母亲或父亲的（　　）　　不知道（　　）

2. 你知道父母的工作单位和工作内容吗？

知道（　　）　　只知道母亲或父亲的（　　）　　不知道（　　）

3. 你帮助家长做家务吗？

经常做（　　）　　有时做（　　）　　从来不做（　　）

4. 你外出或回家时主动与家长打招呼吗？

每次都主动打招呼（　　）　　每次都是父母先打招呼（　　）

从不打招呼（　　）

5. 你有事情会如实告诉父母吗？

会（　　）　　有时会（　　）　　不会（　　）

6. 你与父母发生过争执吗？

经常发生（　　）　　有时发生（　　）　　从没发生过（　　）

（二）简答题

1. 请你写出你认为对你长大成人最有意义、最有影响力的一个字，并解释原因。

2. 你认为一个人最重要的品质是什么？请简要说明。

（三）填空：

（　　）手中线，（　　）身上衣。

临行（　　　），意恐（　　　）。

谁言（　　　），报得（　　　）？

这首诗的作者是（　　　）。

（四）请写出一句或一段关于孝道的名言或诗句

案例七 北京市海淀区西二旗小学：《孝经》走进课堂

西二旗小学十分注重培养学生的感恩意识，孝道教育是其中重要的组成部分。针对这一教育主题，学校首先通过经典诵读《孝经》、《弟子规》等古训给孩子们以启迪，初步树立孝敬父母、长辈的意识。

课堂是育人的主阵地，不同学科老师针对知识点渗透“孝”的教育，例如用《零美元的账单》等小故事引导学生，使孩子们在潜移默化中受到教育。同时，还通过丰富多彩的实践体验活动深化教育内容，以“孝”为主题，每年利用三八妇女节等节日开展“为妈妈送上心意卡”、“我编手机短信送祝福”、“我为妈妈做件事”等实践活动，并在活动之后让家长写下感言与孩子分享快乐与欣慰，学校及时进行总结，让孩子充分体会到孝敬的重要性和由此带来的快乐。另外，学校还通过班队会来引导学生参与体验，开展了“感恩的心”等主题班队活动，孝敬的思想在学校及孩子的家庭中蔚然成风，这一教育思想也使学生的外在表现更加文明、有礼。

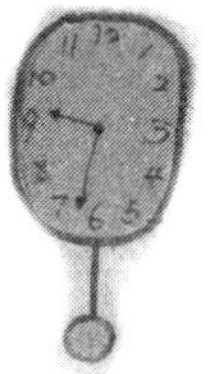

一、《孝经》走进课堂

传统的民族文化越来越受到教育界的重视和推崇，为了使学生领略民族文化的魅力，受到良好思想的熏陶，我校在一至四年级开设“经典诵读”课，通过学习，使学生懂得做人要孝顺父母，友爱兄弟、尊敬师长，关怀体贴他人，培养博大的情怀，懂得知恩报恩的道理。

根据具体的计划，本学期首先开设了孝经课。

在第一节经典课上，我在黑板上写了一个大篆“孝”字，让每个班的学生观察这个字有什么意思？有的孩子说孝字像一个孩子背着老人；有的说像一个老人坐着，一个孩子在给他捶腿，孝的那个撇就像是老人的腿；还有的说孝字就像一个孩子在扶着老人。孩子们观察得多细致呀！说得真好。当被问及逢年过节跟着父母去看看爷爷奶奶、姥爷姥姥的情景时有的学生说“带礼物”。有的同学说“带水果、买酒”等等。这时，老师又引导孩子说：“那爷爷、奶奶不在北京，在外地离我们很远很远，爸爸妈妈上班又没时间回去，那该怎么办呢？”同学们各抒己见，“写信”，“买好吃的、寄钱过去”，“打电话”，甚至“上 QQ”……课堂气氛十分活跃。老师又给孩子们提了个问题：“如果爸爸妈妈跟爷爷奶奶打架、吵嘴，这样做对不对？为什么？我们该怎样做？”孩子们纷纷举手，发表自己的意见，都说这样做不对。一（1）班吴辰说：“这样做不对，爷爷奶奶年纪大了，不能生气，会得高血压、心脏病。”赵泽飞说：“爷爷奶奶一生气会晕倒，还会住医院，我们应该批评他，不能跟爷爷奶奶吵架。”同学们都发表了意见，表达了对长辈的孝敬与关爱。

通过给孩子们上孝道课，老师觉得孩子们真是天真可爱，有孝心，可塑性强，想象力丰富，有很强的求知欲。课下有很多同学告诉老师很喜欢上经典课，一（1）班吴雯娟的妈妈打电话告诉老师，孩子刚开始学经典还没找到感觉，现在可喜欢上了；郭一璇的奶奶在接孩子的时候跟老师说，他妈妈说孝道课讲得很好。

为了使这门课上得生动活泼，老师精心地指导学生诵读，并给学生们看二十四孝光盘，讲孩子们爱听的有教育意义的故事，其中有孝顺父母的，有不孝顺父母的，让他们明辨是非。

在给二（2）班上课时，老师给学生欣赏二十四孝的木偶片陈遗《锅巴救母》的故事，同时再讲一个表现不孝顺的故事，让学生谈感想。蒋聪同学说："陈遗有孝心，他懂事很善良，别人请他吃饭他都没去。如果他去了，那母亲就会在家里挨饿。还向他的朋友要些锅巴，带回去给母亲吃。"卞文谨同学说："我觉陈遗是个懂事的好孩子，关爱母亲，是一名优秀的孩子。别人请他吃饭，他都不去，因为他的母亲在等他。"张蓉同学说："我觉得陈遗很爱母亲，当叛军来的时候，陈遗是背着母亲逃走的，而不是扶着他的母亲，我很感动。"评价另一个故事的主人公时，学生说："他对母亲一点都不好，母亲生病了，他还骂自己的母亲。他自己拿了钱出去吃饭，回来时也不带点饭回家，不让他母亲品尝，我觉得他太自私。如果我是这个大哥哥，我会给母亲买点饭，让母亲吃好，然后送医院。"

以上只是一节课的一个片断，二年级的孩子在课堂上表现得非常活跃，已经能够发表自己的见解，可见孩子已经有了明辨是非的能力，孝道教育已在学生心中生根发芽，提升了道德的修养。

在今年的父亲节，老师给一年级、二年级学生留的作业是给父母倒水、盛饭。

下面是学生在躬行孝道后的感悟和家长的反映：

陈静：为父母倒水我感到很幸福。

白雪：我觉得为父母和长辈盛饭，我的心里非常高兴。以前都是父母给我盛饭，我以后要给长辈盛饭，因为长辈在外面工作十分辛苦。

左雪飞：要孝顺父母不是一天是每天要做的。

薛海鹊家长写道：妞妞给我盛饭我很高兴，觉得孩子长大了，懂事了。

陈智远：今天是父亲节，中午吃饭时我决定给爸爸妈妈盛饭，当我把饭端上桌时，爸爸妈妈露出幸福的微笑，看见爸爸妈妈的笑容，我也感觉很幸福。

孙欣然：我帮妈妈盛饭，觉得自己长大了。

孙欣然家长：我觉得我的女儿孙欣然长大了。

荆宇桐：我觉得为父母和长辈盛饭是尽了我们的孝心。

二（1）胡国乐：我会牢记父母的正确教诲，做一个正派、善良、有孝心的孩子。爸妈还说做人要懂得尊重别人，要用自己的良好的品德去征服他人，我一定努力做一个这样的人。

郑柯：我懂得爸爸妈妈的养育之恩，我长大一定要报答他们。

赵思涵：通过这件事，我知道怎样让父母开心，所以这样的事情我要多做更要坚持。

李宋文哲：我给爸爸盛饭的时候非常紧张，但又想这是应该做的，所以我就给爸爸盛一碗饭，爸爸的表情很高兴，我也很高兴。

卢宏杰：我感觉很害羞。

张硕：今天吃饭时是我给爸爸盛饭，这毕竟是我第一次盛饭，妈妈夸我真懂事，这顿饭我吃得特别香。

刘畅：我觉得这是孝道的开始，我为父母盛饭，父母的一句“谢谢”让我很高兴。

二（2）班朱帅：当我给父母盛饭时，我看见了父母的微笑，心中知道他们高兴。要知道父母的微笑是有多少钱都买不来的。所以，当我看到了父母的微笑，我得到了世界上最大的宝物！

王童：我为父母盛饭，我很高兴。

王童的家长写道：儿子为妈妈盛了满满一碗饭，我很激动，谢谢老师和儿子。

张众坤：我为父母盛饭，父母说：“这次饭是我人生吃得最香的一次饭。”

潘旸：我给家长盛饭，家长说：“这碗饭真香！”

苟秦玥：父母都很累，当我给他们盛饭的时候，父母特别高兴。当时，我想：父母压力都很大，我要给他们减轻负担，好好学习，多干些家务活，不让父母担心。他们白天上班晚上回家还要辅导我，虽然为我付出了很多，但他们从不抱怨，我爱我的父母。

张蓉：这回我知道了老师为什么让我写感悟了，是因为让父母开心，不劳累，不那么辛苦。我给父母盛饭，妈妈说：“谢谢！”

二（1）胡颂家在感悟中写道：为父母倒水后，我觉得这是一点点孝心，虽然这一点点孝心，但我会把这一点点孝心变成很多很大。所以，我要好好学习，长大为父母争光。

高青霞：我感觉这就是回报。

袁紫怡：我给妈妈倒了一杯水，妈妈笑着对我说："孩子你长大了！"

白慧泽：我给爸爸妈妈倒水，妈妈对我说很幸福。

二（2）张蓉：当我把水给妈妈时，我摸了妈妈那双干活的手，我想起了妈妈以前怎样疼我。妈妈很辛苦很劳累。我感到很心痛。我想对妈妈说："我爱您。"

李爽：星期六的晚上，我渴了想喝一杯水，又一想要懂得孝顺父母，那时候我看见妈妈老是咳嗽，于是就把我接的水给了妈妈，妈妈看见我那么懂事，感动得都哭了。我觉得平时很少关心妈妈，以后我应该多照顾妈妈，最好不让妈妈生气着急。

江天润：爸爸妈妈我一生都会想着你们爱着你们，因为你们给了我生命，并且还给了我成长中需要的东西，我非常感谢你们！

潘旸：我给妈妈端水，妈妈说："不是水甜，是心特别甜。"

蒋聪：我给父母倒水后，父母感觉这杯水非常甜。听完父母的话后我心里也非常高兴。心想："我一定要好好学习。"

马亦凡：我读了《孝经》等一些书，上面说的是孝顺的事。爸爸妈妈老是带我出去玩，可我报答得太少。我给爸爸妈妈倒水时他们很高兴，以前爸爸妈妈说我时，我不仅不知道错，还与爸爸妈妈顶嘴，现在我知道错了，我应该听爸爸妈妈的话，把学习补上。

何佳欣：我看见父母的杯子里没有水了。我想，我要为父母倒一杯水。然后，我就往杯子里倒了一些水。妈妈看见了，心里美滋滋的，我心里别提多高兴了。妈妈说："佳欣，你学会孝道了。"听到妈妈夸奖，我心里就更高兴了。

二、选讲孝道格言与故事

针对很多的孝道格言与故事，老师进行比较细致的讲解并对学生进行引导。下面进行几例介绍：

第一例：

爱人者，人恒爱之，敬人者，人恒敬之。

——《孟子·离娄下》

格言大意：

爱别人的人，别人总会爱他；尊敬别人的人，别人总会尊敬他。这两句话意在说明人心之间的感情是互动的。关爱、尊敬别人，也就得到别人的关爱、尊敬。

这句格言老师写在了小黑板上，让学生记在本上，并让他们初步讲解大意。学生们都能讲述出来，但不一定能够真正理解，透彻领悟。老师便让他们读了三遍，之后进行剖析。老师从“爱自己的亲人、儿女那是连动物都做得到”开始说起，接着告诉他们“老师爱自己的孩子是人，爱别人的孩子是神”，后来又讲到了“同学之间应和睦相处，相互尊敬”……同学们听得很认真，这些已经对学生的内心有了触动。最后老师总结：同学们能够从生活中的每一件小事做起，爱我们的父母、兄弟姐妹，还要爱关心我们、帮助我们的人，把这种爱扩大到博爱，这个世界才会美好，让我们常怀感恩的心。

第二例：

老吾老，以及人之老；幼吾幼，以及人之幼。

————《孟子·梁惠王上》

格言大意：

尊敬自己家里的长辈，从而推广到尊敬别人家的长辈；爱护自己家里的儿女，从而推广到爱护别人家里的儿女。这句话表达了一种美好的愿望。人们应当不分亲疏，对每一位老人和儿童都像自己的亲人一样。

讲这段格言时老师给学生讲了一个 108 岁的“年轻人”，新加坡“国宝”——许哲的故事。许哲没有快乐的童年，她每天要帮助做许多家务，还要上山采药帮助做手工，赚取微薄的工资以贴家用。乖巧、懂事的许哲虽然每天忙着做家务，但还是换来父亲的责骂和毒打。后来母亲带着她和弟妹离开广州到马来西亚，当时许哲已经二十几岁还是文盲。后来许哲二十七岁念小学，四十七岁学护理，六十七岁独立创办养老院，六十九岁学瑜伽，九十岁学中文。在许哲眼里，全宇宙都是一家人，全人类都是一家人，全人类都是兄弟姐妹。因此，去爱自己的兄弟姐妹是极为自然的事。所以她说："爱人，是我的责任。"许哲一生创办了九所养老院，但她对穷苦病人的关怀之心，并不拘囿于养老院内。社会不同角落有着贫苦病弱的人们，都是她关怀的对象，她一一走进他们的家庭，每个月送去金钱和食物，带给他们温暖和爱。她照顾人，不求回报。不仅在新加坡盖养老院，她还到马来西亚、泰国、缅甸去协助当地的慈善机构设立养老院。她的时间、精神完全给了世间苦难的人，忘了自身，忘了今夕是何年。新加坡人以拥有她为荣，视她为"国宝"。听完了这个故事，老师提问：为什么称108岁老人许哲是年轻人，被誉为新加坡国宝？你听了许哲的故事，你觉得许哲是个什么样的人？

以下是孩子们的感言：

石宸锡：因为她心理健康，她的心永远年轻，她的心永远善良。对世界做出了奉献是无私的。

白杨：许哲是个善良的人，她对我有个启发，就是我们要爱天下的人。

刘彤：许哲也是个善良的人，我长大以后要像许哲一样做个无私奉献的好人。

宋岩：我觉得她这一生是为别人活着，不是为自己活着。她把一生一世都奉献给贫穷的人们。她的善良让我佩服得五体投地，我长大以后要像许哲一样，做个善良的人。

王祺：我觉得许哲她懂得永远快乐的秘密，因为她帮助别人快乐了自己，把奉献给了别人，自己得到了快乐。

郑彧：我们应该像许哲一样奉献出我们的心，帮助那些穷苦的人。

三、孝道教育主题班会

三（2）班　感恩的心（节选）

活动目的

让学生在感受关爱，享受快乐的同时，拥有一颗感恩的心，学会关爱他人，用心去体会爱。感悟唯有懂得感恩的人，才是世界上最幸福的人。

活动过程

1. “感恩的心” 主题班会开始。

2. 欣赏诗歌朗诵《感恩父母》。

3. 两人背诵：当我是赤裸裸，来到这个世界！体重不到十斤，身长只有一尺！不会说话，不会走路；衣食住行，大小二便都没办法自己料理。在襁褓中，只能哭泣，用来表达我的心意。这时我的父母，他们用：无限的爱心，无限的辛劳，无限的心血，无限的期盼，哺育我，抚养我，教育我，培植我，使我健康，使我茁壮，使我幸福，使我快乐。我的一切，都是父母对我的恩赐！

4. 请聆听：《孝经》。(齐背《孝经》第一章)

5. 齐背：父母恩德重如山，天下子女难报偿！

6. 聆听家长的心声（略）。

（孟　彬　覃　颖　秦铁军）

案例八 北京市东城区北锣鼓巷小学：社区孝行实践

一、引导学生在孝道活动中体验孝心

《中共中央、国务院关于进一步加强和改进未成年人思想道德建设的若干意见》的出台，给我们的思想教育工作创造了良好的环境，提供了崭新的机遇。学校德育工作的一项重要任务就是要贯彻《意见》精神，通过体验教育这个载体，让学生在亲身体验中提高思想道德素质。

现在的孩子，绝大部分是在家长的疼爱下长大的。特别是隔辈老人对他们就更是疼爱有加。所以，在孩子的思想中总认为长辈关心照顾自己是天经地义的，你们都应该为我服务，自己只要去享受就可以了。正因为这样，他们才很少为别人着想，很少去关心他人、照顾老人。他们不理解老人怕孤独、希望有人陪伴的心理，更不知道老人需要关心与帮助。为了帮助学生了解老人、关心老人，促进他们的道德成长，我们给学生提供了直接的体验与感受机会——助老慰问活动。

苏联教育家马卡连柯不止一次地谈到：不向学生表明他们在进行某种专门的教育程序，对于教师是非常重要的。由此可见，隐蔽的教育意图的重要性。为了不让学生按组织者的意图去参加活动，达到体验教育的目的——实行学生的自我教育，我们改变了以往的做法。活动前，不告诉学生老人多么怕孤独、愿意有人陪他，我们去敬老院要帮老人做些什么，陪老人聊什么等等。而只是告诉学生，我们明天要去敬老院开展助老慰问活动，你们可采取任何方式去接触了解那儿的老人，回来后谈谈你们在参与这项活动后的感受。这样做的目的，就是使学生在无痕迹的教育氛围中达到心灵感悟，使简单地灌输与说教变为心灵的沟通与情感的交流。

同学们沐浴着阳光，走在去敬老院的路上，徐瑞问：“咱们去那儿做什么、聊什么啊?”有同学回答：“我写了慰问信，给老人读完后再跟他聊聊北京的变化。”“我们带了抹布，到那儿边干边聊。至于聊什么，看情况吧。”“今儿天气不错，我们搀老人到外边走走。”“老师，您给我们分到爷爷屋里吧。我们给他们读报，陪他们下棋。”“我们给爷爷奶奶带了好吃的，有果冻、乐百氏奶。”说着，我们到了敬老院。分好屋后，同学们按计划干了起来。

“这群孩子想得还不错，还知道……”我边想边向一间屋子走去。可就在这时，魏元他们三个人从李奶奶屋里跑了出来。“张老师，李奶奶把我们轰出来了。”“我们刚读慰问信，她就说：甭读、甭陪我。我自己看书，你们出去吧!”三个孩子有些不知所措，好像还挺委屈。“没关系，我们先不打扰李奶奶，在她的屋外擦擦门、窗台。”我一边说一边和他们三个干了起来。同学们一边儿干着，还不时地向屋里看。而这时的李奶奶一直在看书，连头也不抬。干了一会儿，我又到别的屋里看了看其他学生的活动情况。只见佟巍他们几个在和一位爷爷下棋。这位老人摸着孩子的头，指点着招数，高兴极了。他好像把这几个孩子看成自己的亲孙子。时间过得真快，这次活动到了结束的时候。同学们分别跟自己那屋的老人道别后，来到院子里排队。有几位行动方便的老人还把同学送出了屋。正当我整队时，我突然发现那位李奶奶站在屋内玻璃前依依不舍地望着我们。她的眼神中带着一些孤独、眷恋和忧郁，还有很多期待。作为教师，我意识到这是多好的教育时机呀。于是，我小声对同学们说："李奶奶看着我们呢，快回头跟奶奶再见。"同学们转过身去，挥手齐喊："李奶奶再见！"李奶奶挥着手，一直把我们目送到大门口。

在回来的路上，同学们讨论着今天的活动。有的说："许爷爷真可怜，老伴儿早死了，唯一的女儿在前些天也因心脏病死了。他多需要我们的关心和帮助呀。""我们那屋的王奶奶也挺可怜，儿女都不管她，真狠心。咱们走的时候，她还把咱们送出来。这些爷爷奶奶的儿女应该常去看看在那儿的父母。我们可得对家里的老人好，多陪他们，不让他们失望。""我觉得李奶奶不是不喜欢我们陪她，她一定愿意咱们常来。要不咱们走的时候，她怎么一直瞧着咱们。""对，老人觉得与我们在一起的时间太短了，她怕我们走后她会更孤独，索性就……"我的话还没说完，就听同学们说："老人多希望有人陪，以后咱们常去敬老院看他们！"

美国华盛顿图书馆有三句话，"听过了就忘记了"、"看过了就记住了"、"做过了就理解了"。而我们搞的体验教育活动就是让孩子们去听，去看，去做。孩子们在经历过多次、多种认知过程、情感交流过程、行动实践过程后，就会努力塑造健全的人格，培养健康的个性，形成良好的道德品质。

（张芝昆）

二、尊敬父母——养育之恩永不忘孝道教育主题队会活动

背景介绍

本班学生大多是独生子女，备受父母的爱护，渐渐地有些同学变得自私，缺乏真情，只要别人关心自己，不会自己去关心他人，爱护他人。班中大多数家长反映孩子不听父母的话，管不了孩子。通过具体事例，激发学生爱的情感，提高他们的认识，培养学生关心父母、孝敬父母、尊敬父母的好习惯，以便今后把这种爱的情感升华到爱社会，爱祖国，从而将中华民族的传统美

德发扬光大。

活动目的

孝亲敬老是中华民族的传统美德。在我国的历史上，人们把孝敬父母作为做人的最基本的道德，可谓“百善孝为先”。未成年人思想道德建设的主要任务之一是从增强爱国情感做起，弘扬和培育以爱国主义为核心的伟大民族精神。古语云：“爱由亲始，亲亲而仁民”，一个人爱他人、爱祖国的情感必须是从爱父母、爱亲人开始的。加强青少年“孝敬”的文明修养，树立由爱父母始，进而热爱人民、服务人民的人生观、价值观和世界观，养成良好的思想道德品质，具有很强的针对性和现实意义。通过孝敬教育，实现爱的传递，把学生爱父母、爱家庭的感情扩大到爱他人、爱社会、爱祖国的崇高境界，最终达到道德的升华。这不仅是青少年健康成长的需要，更是社会文明进步的标志。

活动准备

1. 课前布置大家认真观察爸爸、妈妈的一天生活，并且要求大家当一回小记者，采访爸爸、妈妈，看自己是怎样从“小不点”长到这么大的；

2. 准备故事、朗诵、歌曲等节目；

3. 收集自己在家中劳动的资料，制作成展板；

4. 准备好送给爸爸、妈妈的小礼物；（学生亲手做）

5. 场景设计：大黑板上写好“尊敬父母”的大字，并配以图画，副标题“养育之恩永不忘”；

6. 打印好“尊父母，见行动”在家表现评定表。

活动步骤

孝敬教育的内容十分丰富，涉及面广。其基本内容包括以下几个方面：

1. 了解中华传统美德的精华，帮助学生正确认识古代传统的“孝道”。让学生懂得什么是孝敬，了解孝敬的渊源、孝敬的内涵、孝敬的风尚，寻找身边孝敬的典型。

2. 认识新时代孝敬新的内涵，帮助学生掌握现代“孝敬父母”的内容和方法。让学生明确，就个人和家庭而言，孝敬有养亲、敬亲、尊亲三个层次；就社会而言，孝敬还要强调“推恩”，就是把爱父母的感情推及他人和全社会成员，实现现代孝敬道德升华。介绍现代孝敬典型人物事迹，开阔青少年视野，树立学习榜样。

3. 知行结合，从点滴做起，从身边的亲人爱起，让青少年在孝敬父母的躬行和体验中实现思想道德的提升。我班准备以“建设道德银行，争做孝敬标兵”为主题开展系列活动。

4. 开展重行动，献“八心”活动。

“八心”孝敬模式：①常问好，讲礼貌，让父母舒心；②少空谈，多帮忙，让父母省心；③走正道，少是非，让父母放心；④求进取，多争光，让父母开心；⑤遇难事，多商量，让父母顺心；⑥共致富，奔小康，与父母同心；⑦忌盲从，不迁就，谏父母要真心；⑧重推恩，能迁移，对社会献爱心。

活动程序

1. 制订活动计划，发放活动《倡议书》，利用学校广播、黑板报、主题队会等形式营造孝敬氛围。

2. 开展“中华传统美德”读书活动。

3. 利用家长会和家长进行沟通，争取得到家长支持，打造家校携手平台。

活动纪实

开幕词

A. 尊敬是一朵花，一朵开在心间的花。尊敬是一团火，一团温暖你我的火。

A. 人间最美是亲情。

B. 养育之恩永不忘。

爱的回顾篇

A. 有了泥土，嫩芽才会长大；有了阳光，春芽才会开花；我们的成长离不开您呀——亲爱的爸爸妈妈。

B. 当我们还在妈妈肚子里的时候、妈妈就开始为我们绘制宏伟的蓝图，甚至为我们早早起好名字。同学们，你们谁知道自己名字的含义？（4～5名同学介绍自己名字的意思）

A. 简简单单的名字，寄予了父母深切的爱。在我们成长的过程中得到了父母多少的关爱。

B. 活动前老师已经布置大家认真观察爸爸妈妈一天的生活，并且要求大家当一回小记者，采访爸爸妈妈，看自己是怎样从“小不点”长到这么大的。现在大家一定都想来介绍你们的爸爸妈妈吧！谁先来发言。

生1：我妈说我小时候晚上不睡觉，妈妈抱着我一直在房间里走来走去。

生2：我爸爸妈妈为人很好，邻居需要椅子或者桌子，爸爸妈妈都会借给他们。

生3：我爸爸很了不起，家里的东西坏了，他都能修理好。

生4：我爸爸妈妈在超市工作很辛苦。

生5：我爸比你爸更辛苦，我爸在修车厂打工，晚上还要加班呢。

生6（轻声地）：同学们，我告诉你们一个秘密，我采访我妈的时候，我妈说我小时候会尿床，我妈一个晚上要起来好几次，抱我起来小便。

生7：我爸爸为了增长我的见识，经常带我到外地去玩，回来还叫我写小作文呢。

生8：同学们，你们学过《游子吟》吗？我们一起来背一遍。这首诗讲的是歌颂妈妈把无私的爱献给了自己的孩子。

A. 同学们，你们知道世界上最动听的声音是什么吗？如果你不知道，那就让下面几位同学告诉你们吧。请欣赏诗朗诵《妈妈的笑声》。

B. 你的爸爸是个怎样的人。

表演：我的爸爸是一个幽默、开朗、快活的爸爸。

A. 同学们：其实，天下的父母都是一样的，他们都把无私的爱奉献给了自己的孩子。有一位妈妈她每天陪伴自己的孩子学习，放弃了许多休息时间，很多爸爸为了赶着接送孩子顶风冒雪，忘记一天工作的劳累。我还很多次看到几位父母，为了准时地接送自己的孩子，多少次在风雨中等候。同学们：养育之恩永不忘怀。请所有同学面向爸爸妈妈们，大声读《三字经》。

B. 出示《新三字经》齐读拍手说：为人子，方少时。尊长辈，习礼仪。

能温席，小黄香。爱父母，意深长。亲养儿，多辛苦。报春晖，寸草心。孝父母，不能忘。爱父母，生孝情。存孝意，献孝心。父母心，知体谅。心里话，不隐瞒。求上进，父母安。孝父母，不能忘。不能忘！

爱的激情篇

A. 孝敬父母是我们中华民族的传统美德，从古到今，流传着许多感人的故事，大家想听吗？

（学生讲故事）

B. 可是也有很多同学或其他人不尊重自己的父母，我们搜集了这些资料。（学生汇报搜集的不尊敬父母的行为和言语）

A. 情景表演：父母生病了、与父母顶嘴。

B. 我们来做小测验。

请你用线段将左右两边意义不完整的词语连成一句意义完整、有道德情感的话。

妈妈口渴了	不吵闹
妈妈在睡觉	送上一杯茶
爸爸在学习	赶紧帮一把
爸爸提了重东西	不打扰
爸爸跟客人谈话	不随便插嘴

实话实说：

你知道父母的生日吗？

你经常主动向父母汇报自己在学校的学习生活情况吗？

你常与父母聊天吗？

你在家常帮助父母做家务活吗，有哪些活儿？

你是常向父母要零花钱吗？

你常向父母发脾气吗？

外出时，你是否常告诉父母自己的去向和时间？

你常提一些使父母为难的要求吗？

讨论：

1. 父母对子女有养育之恩，因此子女应尊敬父母，而不应指责他们的过错吗？

2. 当父母遇到不顺心的事情，心里很烦时，作为子女的你应该怎么办？

爱的回报篇

A. 听了刚才同学讲的故事大家一定很感动。我们应该尽量多地帮助父母做些力所能及的事情。

B. 开展一个“家庭服务岗”的活动：请几名同学来谈谈自己的感受吧！

生：谈感受。（我的家庭服务岗是……我是这样做的……我最大的感受是……）

A. 其实，我们只是做了一点点的小事情，我们只想通过这种方式表达对父母的爱，这些是我们的责任，因为我们是家庭的主人，可是我们的爸爸妈妈却十分的感动。现在请几位爸爸、妈妈来谈谈自己的感受。

B. 三位左右家长谈感受：

（1. 家庭服务岗使学生懂得了什么？2. 怎样配合班级搞好孩子的教育工作？）

A. 谢谢爸爸、妈妈对我们的肯定。

B. 亲爱的爸爸、妈妈，您们放心吧，感谢您们对我们的爱，我们也一定把爱回报。请听歌曲《世上只有妈妈好》。

合唱队队员上场：带动唱《世上只有妈妈好》。这首歌是献给在场的妈妈的。

A. 请你对爸爸、妈妈说一句感激的话（学生发言略）。

B. 现在让我们伴着《感恩的心》，把我们亲手制作的小礼物献给我们的爸爸、妈妈吧！

A. 现在哪位同学愿意说一说，今后你要怎样关心你的爸爸、妈妈。

B. 最后请同学们观看漫画短片《感恩父母》。

6. 辅导员讲话：看到同学们都这么懂事，老师真的很高兴。希望同学们回家后都以实际行动表达你对爸爸、妈妈的爱。

（安硕）

（本案例编写过程中参考了网上同人的一些做法，在此表示诚挚的谢意。——作者）

案例九 北京市东城区妇女联合会：推广孝道教育进社区

一、东城区“孝道教育的研究与实践”课题的思考

家庭是儿童成长的摇篮，家庭教育是伴随一生的终身教育，是人生的奠基石。家庭教育的最主要的任务就是教孩子如何做人。俗话说：“百行之首，以孝为先”、“百善孝为先”，孝是诸德之首。孝道教育应是教孩子做人的重要内容，是家庭教育的根基。为此，东城区妇联、东城区家教会在 2008 年开展的家庭教育工作中，把孝道教育作为加强未成年人思想道德教育的重要内容，以“孝道教育的研究与实践”家庭教育课题研究的形式对孝道教育进行了初

探，加深了认识与理解，并引发了几点思考。

（一）开展课题研究的基本情况

1. 开展调查。我们在41名初中生中开展了关于“孝”的问卷调查，问卷中“你认为对你长大成人最有意义、最有影响力的一个字”一题的答案，97.6%学生的答案是“爱”、“书”、“勤”、“学”、“仁”、“朋”、“友”、“玩”等，只有2.4%学生回答了“孝”字。可见，现代未成年人对“孝”的认知程度不是很高。

2. 确立课题。鉴于“关于孝的问卷调查”结果，并结合年初提出的“感恩·参与·奉献”主题教育活动的要求，确立了“孝道教育的研究与实践”家教课题，旨在对“孝”的认知，从而提高家长和未成年人的思想道德品质。

3. 编辑教材。在多年从事孝道研究的专家、北京市家庭教育研究会会员、东城区家庭教育研究会理事、高级德育教师范基公老师的支持和指导下，编辑了《孝道修身56》——东城区家庭教育德育读本作为专门的课题教材。

4. 启动课题。课题在北京市东城区交道口街道鼓楼苑社区儿童德育中心正式启动，以开办“孝道教育大课堂”的形式，由范基公老师亲自主讲，社区的20余名家长和儿童参与了此次课题的全部实践活动。

（二）开展课题研究的初步效果

“孝道教育的研究与实践”家庭教育课题研究是东城区妇联和东城区家教会对孝道教育的初步尝试，我们采取先搞试点的方式，所以选定了20名家长和孩子参与。通过参与者听课和实践，显现出一定的效果。

1. 孝道教育得到了家长们的欢迎和认可。开展孝道教育对于孩子的成长，特别是对当今独生子女的成长是非常重要和及时的。参与课题活动的一位家长，亲手将《孝道修身56》德育读本抄写了一遍，加深理解，同时配合课题要求，让孩子在家中亲自实践“孝”的过程，给家长梳头、洗脚。

2. 孝道教育让孩子们体验了“孝”的实践。孩子们通过专家的讲课到家中的实践，实现了对“孝”的认识过程。他们对“孝”的认识从最初的字面的认识，到实质的理解，在为父母们洗脚、梳头、倒杯水、捶捶背等看似简单的而又从未做过的事情的过程中，体验着“孝”的快乐，每次都写下了亲身感悟。感悟到“孝”是中华民族不朽的传统美德，也是一个人的良知；体味着岁月的沧桑和生活的艰辛，体味着父母劳碌奔波的坎坷辛苦。

（三）课题研究后的几点思考

1. 传承和弘扬孝道教育，在当今社会具有重大现实意义。

我国改革开放30年后，经济建设快速发展，人们的生活水平不断提升。在构建和谐社会的进程中，在传承和弘扬中华民族传统美德教育中，孝道教育已经越来越被重视，具有重要的现实意义。

——弘扬孝道有利于和谐家庭的创建。家庭是社会的细胞，只有家庭和谐，社会才能和谐。家庭和谐的关键在于家庭关系的融洽和家庭生活的和睦。在我国，虽然人们的生产、交往活动的很大部分已经不再集中于家庭之内，但家庭关系与家庭生活仍然是人们最重要的人际关系和生活单位，绝大部分的中国人仍然有着非常深厚的家庭情结，亲子关系的和谐价值仍然为人们所珍视。把孝道教育纳入家庭文明建设的重要内容，对家庭成员进行孝的传统美德教育，是建立和谐的亲子关系，和睦的家庭关系的重要措施。

——弘扬孝道有利于培养未成年人的道德责任感，提高其道德素质。培养人的道德责任感应从小做起，提高未成年人的道德素质应成为加强未成年人思想道德建设的工作目标。在家庭教育中加强孝敬父母的教育，尤其要加强对青少年和独生子女的孝道教育，要求每个人孝敬父母，实际上也是在培养未成年人最基本的道德素质。在人们社会活动的实践中，人最早接触的人际关系是与父母的关系，人间的慈爱首先也是从自己父母那里获得、体验并形成最初的道德责任感。人的道德成长也正是把这种责任感不断扩充、升华从而形成对他人及社会的爱与责任的过程。由此看来，继承和弘扬中华民族的优良传统，唤醒当代青少年“知恩图报”的责任感，形成“赡亲敬老”的一代新风，是摆在我们面前的一项重要任务。

2. 传承和弘扬孝道教育，在家庭教育中占有重要地位。

家庭教育的根本是教育孩子做人，和谐的亲子关系是做好家庭教育的保证。传承和弘扬孝道教育，就是教育孩子从小学做人的重要内容，同时也是促进和谐亲子关系建立的关键所在。

——传承和弘扬孝道，是建立和谐亲子关系的纽带。在当今的社会，大都是独生子女家庭，孩子成为每个家庭的核心，家长与孩子的亲子关系是影响孩子健康成长的重要因素。随着独生子女家庭的增多，做父母的更多是为孩子付出，凡事都由家长做了，孩子们不懂得应该也为父母做些事情。长此以往，一旦父母满足不了孩子的要求时，就会影响与父母之间的亲子关系。孝道教育的基础就是让孩子学会“孝敬父母”。孝敬父母是一个受教育的过程，也是一个人成长的过程，作为家长要肩负起孩子第一任老师的使命，身教重于言教，要给孩子做出“孝敬父母”的榜样，培养孩子从小树立起“孝敬父母”的品德。孩子会从孝敬父母的过程中体会到父母维持家庭的不易，能体会家庭的责任，有利于孩子思想和心智的成熟，促进亲子关系的和谐。

——传承和弘扬孝道，是预防未成年人犯罪的第一道防线。弘扬孝道教育，会使孩子们懂得：自己的生命是和父母血脉相连的；记住：自己的言行是和父母息息相关的。一言一行不忘父母的养育之恩，想到做事的后果，就能三思而后行，坚守正道，避免失足。社会生活告诉我们，尽管犯罪的人形形色色，但都可归结为一点，就是在走向歧途的瞬间，是把对父母的责任置之脑后了。如果到“大墙”里面去调查，就会发现，绝大多数失足的人，在接受判决的那个时刻，他首先想到的就是对不起自己的父母，懂得了犯罪就是最大的不孝。只有在正常生活时懂得珍惜，才能守住“底线”。如果在家庭中能切实进行孝道教育，如果孩子能把对父母的感恩和责任时刻铭记在心中，筑起一道道无形的防线，让孩子们平安地长大成人，为成为一名守法公民奠定基础。

3. 传承和弘扬孝道教育，是家长和孩子品德素质共同提高的过程。

随着社会的发展，时代的进步，家庭教育已不再是只对孩子的教育，家长和孩子要共同学习、共同成长。传承和弘扬孝道教育，不能只强调让孩子尽孝，家长也应做出表率。

——家长要理解、支持孩子的每一个孝行。孝道教育的本质是做人的教育，父母要切实支持。有些家长在教育孩子中仍存在着重智轻德的做法。我们在课题实践中安排了孩子为母亲洗脚，个别母亲却认为：“瞎耽误工夫，好好去念书比什么都好!”把这种体验流于形式，摆摆样子。其实作为家长应支持孩子，看似简单、多余的洗脚过程就是对孩子孝德修行的过程。

——家长要以身垂范，率先成为孝行的楷模，引导孩子的孝行。任何一对父母都有双重身份，对自己的儿女而言，是父母；对自己的父母而言，又是儿女。身为父母的也要身体力行，先要做到对自己的父母有孝心，孝敬父母。身教重于言教，家长的行为举止始终会影响自己的儿女，在家长尽孝的同时让自己的儿女感受到，就是对孩子孝德的培养。

（东城区妇联课题组）

二、孝道教育进社区

（一）东城区交道口街道菊儿社区

2006 年 12 月 12 日范老师应邀到东城区交道口街道菊儿社区讲孝道。《北京娱乐信报》、《当代家庭教育报》、《新京报》等几家媒体先后予以报道。其中一篇题为:《居民国学班首堂课讲“劝孝文”》。

东城菊儿社区国学教育讲堂正式开始授课，北京家庭教育研究会德育高级教师范基公为社区居民上的第一课是“劝孝文”。

“刻苦学习、遵纪守法和孝敬父母，请选出您认为在家庭教育的内容中，放在第一位的是哪项?”授课前，范老师在 30 名年龄各异的居民当中进行了调查，结果只有 9 位年龄略长的居民选择了“孝敬父母”。

范基公讲到“天地是孝德结成，日月是孝光发亮。孝之道，言不可得而尽也”。社区居民刘杰说他是这样理解这句话的：“只有在父母贫贱、衰老、孤独时，才能真正显出孝心。”

授课结束后，范基公说，孝道能激发孩子的学习动力，能在孩子的心理上筑起一条防止步入歧途的防线。

（二）东城区交道口街道鼓楼苑社区

2008 年 7 月 25、28 日范老师两次到东城区交道口街道鼓楼苑社区讲孝道。以下是丁璇同学（女　14 岁　二十一中初三）在暑假期间学习和躬行孝道的感悟：

“孝”是中华民族不朽的传统美德，也是一个人的良知。作家毕淑敏在

《孝心无价》一文中写道：“我相信每一个赤诚忠厚的孩子，都曾在心底向父母许下‘孝’的宏愿，相信来日方长，相信水到渠成，相信自己必有功成名就衣锦还乡的那一天，可以从容尽孝。可惜人们忘了，忘了时间的残酷，忘了人生的短暂，忘了世上有永远无法报答的恩情，忘了生命本身有不堪一击的脆弱……有一些事情，当我们年轻的时候，无法懂得。当我们懂得的时候已不再年轻。世上有些东西可以弥补，有些东西永远无法弥补。‘孝’是稍纵即逝的眷恋，‘孝’是无法重现的幸福。‘孝’是一失足成千古恨的往事，‘孝’是生命交接处的链条，一旦断裂，永无连接……”老舍先生在《我的母亲》一文中写道：“她一世未享过一天福，临终前吃的还是粗粮。唉，还说什么呢？心痛！心痛！”季羡林先生也曾在文中写道：“我永久的悔就是：不该离开故乡，离开母亲。”著名作家萧乾、诺贝尔物理学奖获得者崔琦同老舍、季羡林一样，他们在事业上几乎都达到了巅峰，可在忆起父母的时候都伤痛于子欲养而亲不待，心底留下了永久的遗憾。

所以，我们要赶快为父母尽一份孝心，哪怕为他们盛一次饭、剪一次指甲、洗一次脚，都是“孝”的体现。只有认真地为他们洗一次脚，才会体味到岁月的沧桑和生活的艰辛，才会懂得他们为我们劳碌奔波的坎坷辛苦。让我们的孝心时刻伴随父母的左右。也许是一处豪宅，也许只是一片砖瓦，也许是一顶博士帽，也许只是一个 5 分，也许是数以万计的金钱，也许只是一枚硬币……但是，在“孝”的天平上，它们等值。

俗话说：百善孝为先。孝是“立人之本”，每当我一抬头，就会看见我临摹的文天祥手书“敬父如天，敬母如地”八个大字，心底油然而生一种神圣的情感。这种情感，是对天地无比的敬畏，是对这八个字的作者——文天祥的肃然起敬，更是对养育我的父母无尽的感激与崇敬。

案例十 北京市四海孔子经典教育培训学校（四海孔子书院）：做人教育始于孝道

北京四海经典文化传播中心（简称四海传播），是以推广全球诵读研习古今中外文化经典为主要活动，以此协助成年人终身学习、全面发展，共同建设和谐社会的文化机构。四海传播的这项工作称为“成人经典导读工程”。

2005 年，四海教育、四海传播机构联合创办四海孔子书院。四海孔子书院是京城首家以孔子命名的民间文化书院，地处北京西山香山北坡，参酌宋明书院讲学方式，以中外传统文化经典为基本课程，遵循“志于道，据于德，依于仁，游于艺”的原则，面对浩如烟海的经史子集，以诸子经学为核心，兼修诗词歌赋、琴棋书画，书院学生为 4～13 岁的海内外少年儿童。

书院教学分为经典诵读、礼仪德育、自然有机农耕体验、经典音乐绘画艺术欣赏、武术、太极、书法、亲师生主题活动等，注重智能的开发、人格的培养和生命内涵的提升，使小朋友们能与经典同行，与圣贤为友。

第一部分：我们对孝的认识

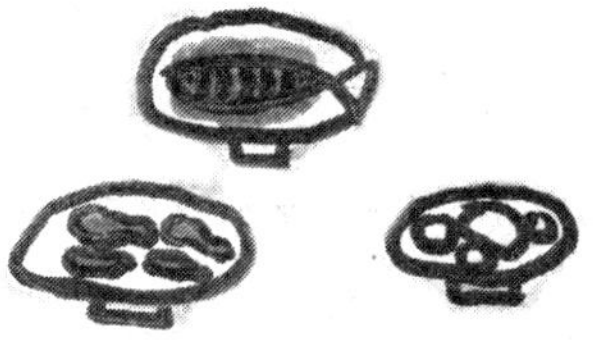

至德乃孝

人要想了解自己，必须要知道生命从哪里来。人需要通过回归生命本源来找到自己。作为中国人来讲，都有一种对父母生命依赖的本源意识，当不知道生命要如何走的时候，大部分人都会通过生命意识回归，从本源那里做一个意识觉醒，从源头那里找到力量。不管从文化意义上来讲，还是从移风易俗、推展社会风气来讲，以及让所有的中国人都有安身立命的意识，从孝入手是最直接的。

一个中国人安身立命的根本，虽然讲德行和学问并重，但以德行来统帅学问，《中庸》讲君子“尊德性而道问学”。一个人的生命境界，对一个人的评估，以德行为核心。中国古代读书人还很崇尚一句话，“孝为德之本”。孝是一个人德行的核心，而德行又是一个读书人生命本体的核心，可见孝对一个生命而言的重要性。

孝由什么引发？

中国儒家强调“厚生”，崇尚生命的生生不息。生命从母亲而来，创造者对每一个人来说都有深厚宽广以至难以描述的恩德，也可以讲一个“生”字就道尽了孝的全部意义。中国人对母亲的那种感情，是普遍都有的一种生命无意识。

从生命的本源出发，来谈一个社会问题、文化问题，从孝入手，这是最根本的，这也是从源头的核心出发。

孝自家庭始

《大学》讲“自天子以至于庶人，一是皆以修身为本”。读书人通过个人的修身获取认识上的自觉。修身是一个人的德行养成的主轴，其核心在于一个生命如何与宇宙天道契合、融合。一个人的心性合乎天道的话，按儒家的观点，这就是一个立于天地之间的“大人”，一个君子；假如说父是天，母为地，孩子就是处于天地之间，转化到人伦，就是我们应该遵循什么样一个“人道”，一个人处于一个特定位置，应该怎样对待上下左右，对待父母、兄弟姊妹、朋友……要讲求孝亲尊师兄友弟恭，这是一个人最重要的生命实践。一个人从个人的修身入手，做到使家庭和睦吉祥，把一个上百人、千人的家族治理好，“尊尊亲亲长长老老”，使每个人各安其位，各守其职，整个家族一团和气，和合而富有生机，生生不息。

把一个家族照料得很好，而天下由无数的家族组成，这样的人就具备了治国的德行和才能。《孝经》讲“君子之事亲孝，故忠可移于君；事兄悌，故顺可移于长；居家理，故治可移于官”。从修身入手，最后达到家国天下的一种状态，这也是中国文化在一个人身上的体现。能够做到父子、兄弟、师长和弟子、朋友，夫妇之间各守其礼，各安其职，进而构筑天下国家这个系统，同时也奠定了一个人内心最稳定的格局。中国人就是活在这样的一个融洽的伦理关系空间里面。每个人都活得很充实，都能够推己及人，关照他人；而这一切都源于孝。

一个人的生命背景、家庭教育里面如果没有孝道的内容，那走出来必然会表现出傲慢，不能很好地尊敬他人，与人相处等特质。一个人内心有这种意识，在社会上，自然表现出来很有礼节，懂得如何与长辈、领导相处，如何与同事、朋友交往。老一辈的规矩，往往就是长大后与人相处的礼仪。

中国古人很重视习礼，就是要练习“为人进出应对之道”的基本礼仪，这些基本的做人进出应对是常理常道，小孩子六七岁开蒙的时候，就要开始学习、练习，做“黎明即起，洒扫庭除”的工作。现在大家读得比较多的《弟子规》，就是作为一个晚辈、子女、弟子、学生在日常生活中，在与人应对中应该参照的一个标准，一个礼仪方面的操作规则。这基本上是古代中国人人生的第一课，当人活在一个社会关系当中，所必须要学习的内容。而现在近百年的文化断层，没有很好地继承古人为我们做好的这一套基本的做人规则，我们在这方面的教育基本上没有，也是让人很担忧的地方。

现在的人生活在一个充斥五音五色的时代，《道德经》讲“五色令人目盲，五音令人耳聋，五味令人口爽，驰骋畋猎令人心发狂”，大家的心普遍向外，都在外面，想要把心收回来，移风易俗，从孝入手，进而把中国的传统礼教、诗教、乐教恢复起来，民风、社会人心就会大变。现代人没有恐惧，对生命没有敬畏，所以才会什么都敢吃、敢用、敢杀，从了解自己的生命本源开始，进而推己及人，就会对他人有一种友善的关照，对别的物种、不同的生命也才会真正抱有一种善意的尊重，一种默默的温情，至少不去伤害它们。现在人与人之间排斥得厉害，封闭得厉害，敌对得厉害，实际是把自己处于一种很紧张、恐惧、不安、疲惫的状态；心门关闭的同时，实际上让自己无比的脆弱、自卑、敏感，对外表现出来一种扭曲的威猛、强盛、刚硬。这些都根源于不了解自己，不知道生命的本源所在，对生命没有敬畏。

中国几千年来的历史证明，要想朋友有信，君臣有义，父母有道，夫妇有别，兄弟有悌，还是需要从家庭入手。因为家庭是一个孩子人之初的生命背景，是一个人生命烙印最深的地方，需要把孝落实在家庭里面，落在父母和子女关系的处理之上。

恢复礼仪之邦

中国真要恢复礼仪大国、文明之邦，首先要把礼教恢复；包括中国的乐教、诗教这些都有待恢复。古代讲一个真正的书香门第必须要有诗书礼乐，要有琴棋书画、诗词歌赋，只有这些都成为读书人的生活内容，那自然会有君子之风，才是真正的书香门第。但这些也只是文化的表现，一个读书人所表现出来的风貌，其轴心在文化。有一种说法，如果把诸子百家的旨要汇归六经的话，那可以用《孝经》来统摄“六经”，可见中国古人对孝的重视；也说明《孝经》对所有读书人的作用很大。一个人的生命意识、生命本源要是能够回到源头，那确实应该从孝谈起，因为孝是一个人的根本所在，“生”则是孝行的根本。

中国读书人自古就有“家国天下”的价值观，孝根植于家庭，扩展至国家。《孝经》云“先王有至德要道，以顺天下，民用和睦，上下无怨”，那怎么做的呢？子曰：“先王见教之可以化民也，是故先之以博爱，而民莫遗其亲；陈之于德义，而民兴行；先之以敬让，而民不争；导之以礼乐，而民和睦；示之以好恶，而民知禁。”所谓“昔者明王之以孝治天下也”，达到“是以天下和平，灾害不生，祸乱不作”的状态。

第二部分：书院如何引导老师、孩子行孝

对孩子来说，单纯说理没有用，必须要让孩子有实际切身的体会，老师、家长要把孝行做出来给孩子看，给孩子正面的榜样，其核心在老师就“孝亲尊师”身体力行的示范和“诚、敬、谦、和”环境的营造。

书院教育分为三条主线，一是经典的积累，二是德育，三是日常生活自理能力的培养。“孝亲尊师”作为书院德育的核心，贯穿各个年龄段和所有的班级，老师和小朋友要一起学习、实践孝亲尊师，在每天的学习生活中，长养“孝德”。

一、天上人间真善美，尽在娓娓故事中

一篇大道理，比不上一个小故事。小朋友天生喜欢听故事，在午睡、晚上休息之前，老师都会给小朋友讲故事，一方面拉近师生的距离，一方面给孩子正面的榜样和生动、深刻的印象。常用的有《二十四孝》故事、《弟子规》故事、《三字经》故事、《中华传统美德故事》。

二、歌曲、电视、动画

《孝经》中子曰：“教民亲爱，莫善于孝。教民礼顺，莫善于悌。移风易俗，莫善于乐。安上治民，莫善于礼。”好音乐启迪人的善心，使人在不知不觉之中，渐渐体会那一份感恩、真诚、恭敬、谦和；让孩子生命中有爱有美，生活中有诗有歌。书院老师经常带动孩子唱一些孝亲尊师的歌曲，比如《我不再是让你操心的孩子》、《跪羊图》、《游子吟》、《我和我的祖国》、《让爱传出去》、《感恩的心》。跟孩子一起观看《中华传统美德》系列动画、电影；每次看后跟孩子进行交流、分享。

三、主题德育课

在孩子的生日、妇女节、母亲节、清明节、儿童节等节日设计主题德育

课，师生互动、亲子互动，让家长和小朋友一起参与，体会彼此之间的关爱和回馈，升华天生的血脉亲情；在期中、期末、六一等书院开放日，举行会演、联欢，主题基本上集中在“孝亲尊师”，小朋友把听过的故事排演成小品、诗朗诵、歌曲、手语等等，跟大家分享。

德育教案范例：

三八妇女节洗手活动

活动名称	我爱妈妈	地点	
活动时间		参加对象	家长、师生
活动意义	孝悌是中国传统美德，而现今生活安逸，孩子们却很少了解父母的付出，更体会不到母爱！通过洗手活动，让孩子们体会尊长孝养的恩德。		
活动目标	1. 通过亲子同乐活动，让终年辛苦的母亲得以慰藉。 2. 借此洗手活动，体会孝悌内涵。		

活动流程

时间	内容	负责人	地点	备注
15：00－15：20	主持人向家长说明洗手活动的意义、会议程序及有关要求。			
15：20－16：00	1. 妈妈入场坐好。 2. 小朋友排队入场，面对妈妈，齐声祝愿：“妈妈节日快乐！” 3. 小朋友齐诵《弟子规》、古诗。 4. 小朋友歌伴舞“我的好妈妈”，妈妈配合动作。 5. 给妈妈洗手开始：小朋友肩披毛巾，端着水盆，跪在妈妈面前，给妈妈洗手。 6. 洗完手后，给妈妈捶背揉肩，直到妈妈感到舒服为止。 7. 献给妈妈节日的礼物——我的画。（小朋友要当众讲解画面的内容）。 8. 最后齐唱“我的好妈妈”活动结束。			
16：00－17：30	家长座谈会			

体验妈妈生育、养育我们的辛苦——

小朋友在书院过的每一个生日，都是一堂孝亲尊师的主题课。无论是老师的祝福，小朋友的分享，都以体会生日这一天爸爸妈妈对我的恩德为主线，启发孩子们的感恩、孝顺之心。

邀请正在怀孕的妈妈以及生过孩子的妈妈来跟小朋友和老师们进行座谈、分享，把怀孕和生产、哺育孩子的种种体会讲给小朋友们听；设计小游戏，用气球塞在衣服里让小朋友体会妈妈怀孕的辛苦和对宝宝付出的关爱。

餐前感恩词

感谢父母赐给我宝贵的生命，感谢天地赐给我生存的空间，感谢老师为我开启智慧，感谢同学伴我健康成长，感谢生命中所有的一切。请老师先用。

书院惯例，小朋友用餐之前，都要全体坐好，把手放在心脏的位置，闭上眼睛，在值日生的带领下，一起用心齐念感恩词，等老师先用示意大家可以开始进餐之后，才开始用餐。

四、经典诵读

把《弟子规》作为老师、孩子的行为准则。先在老师之间推动熟读、背诵《弟子规》，达到人人能讲、能解的水平，同时逐条地推动老师自我的反省和实践，先从老师的内心开始，转化到在小朋友面前的行住坐卧、言谈举止；然后再把《弟子规》作为小朋友入园必读课程，先把《弟子规》背下来，再开始《论语》及其他经典的诵读。

等孩子年龄稍大，《孝经》也是作为必背课目，要求孩子人人会背。

五、亲师交流、善行记录

通过孩子每周带回家的“亲师交流本”，反映孩子在书院的学习、生活、德行状况，以及回家之后需要家长配合的地方，尽量保持孩子在书院养成的好习惯，并且鼓励、帮助孩子在家实践孝顺父母，在校尊敬老师。

童子部4岁以下的小朋友——

好宝宝孝行表							
小朋友，你做到了吗？做到了，请爸爸妈妈帮你打√哦！	一	二	三	四	五	六	日
1. 我今天早上起床，不赖床，不乱发脾气。							
2. 我起床后自己穿好衣服，并刷牙洗脸。							
3. 我会自己叠被子整理好床。							
4. 我会帮爸爸妈妈做事。							
5. 在家里玩时与朋友和睦相处。							
6. 不经爸爸妈妈同意我不看电视。							
7. 我会自己收拾玩具。							
8. 我会在晚上睡觉前准备好明天穿的衣服。							
9. 我会在晚上睡觉前认真读经。							
10. 我会在晚上9:30前睡觉。							

善行小点滴

《学记》讲教育的一大任务就是“长善救失”，孩子任何一点微小的进步，只要家长和老师看到了，记录下来，并且加以肯定和鼓励，小朋友自然而然会不断发挥好的地方，通过积累，达到养成良好习惯和品性的效果。

日期	善行分享
5.18	谢谢爸爸叫我去上学。
5.19	谢谢妈妈陪我睡觉。
5.20	早上在学校帮忙搬桌子。
5.21	谢谢妈妈很晚了还教我读经。
5.22	我向妈妈说：“对不起。”因为今天早上很想睡觉，妈妈叫我起床，我就对妈妈发脾气，还一直哭。
5.23	早上妈妈一叫我就马上起床，还跟大家说早安。
5.24	1. 自己乖乖走楼梯。2. 吃饭守规矩。3. 帮妹妹拿东西。
5.25	1. 帮妈妈提东西。2. 自己放围兜兜。
5.26	1. 整理书桌。2. 读经。3. 自己洗手帕。

续　表

日期	善行分享
5.27	自己刷牙，上床睡觉。
5.28	发烧勇敢不哭，听医生话，好好吃药、打针。
5.29	1. 帮爸爸倒垃圾。2. 拖地清洁卫生，恭敬父母师长。3. 帮妈妈拿毛巾。4. 关心妈妈、安慰妈妈。5. 妈妈生病了，我希望妈妈的身体早日康复。
5.30	听爸爸的话，按时吃药、喝开水。

童子部5～6岁小朋友——

童子部一直在带动小朋友们学习、实践《弟子规》，但又有所变通，不会刻板、强硬地要求孩子都要统统做到，更多地还是通过鼓励和表扬，引导孩子们做到这样的一些点：自己叠被子，自己穿衣服，洗漱认真，认真吃饭不挑食，对父母长辈及其他人有礼貌，在家帮忙做一些简单的家务，懂得关心家人，完成老师布置的家庭作业等等；孩子在家，家长就要在这些点上去观察、记录，对孩子也是一个很好的督促；也延续了书院的教学，孩子在书院养成的好习惯，在家里也能够持续。

蒙学部6～8岁的小朋友——

善行日记					
如果做到了，请爸爸、妈妈为我打“√”	晨则省昏则定	认真完成作业	物有定处	帮家人做家务	长者先幼者后
周六					
周日					

德育教育范例：

本月主题	**孝——体味父母的养育之恩**
班级	蒙三班
时间	3月16日～4月19日

续　表

本月主题	孝——体味父母的养育之恩
第一周	学习“育，父”，包括甲骨文，金文。育：养子使作善也。甲骨文“育”字由“人”和“云”构成。“云”字有刚出生的婴儿的含义，整个字的意思是人生孩子，由此产生生育的含义。生孩子后要养活，要教育，由此产生养育和教育的引申义。以后字形用“肉”代替“人”。意思是从肉中产出的婴儿，由此也能形成上述含义。父：矩也。家长率教者。金文：父。
第二周	动画片——父母恩重难报经。
第三周	电视剧《孝的故事》。
第四周	母亲节的漫画和动画。

蒙学部8岁以上的小朋友——

以“敬畏”“诚信”为核心，以落实《弟子规》为主线，结合教学生活中的具体情况开展德育。致力于在学习生活中引导孩子养成下面的习惯：待人恭敬有礼，课堂纪律严明，行止谨慎有度，用物爱惜有节，读书专精有品，言语文明得体，集合高效有序。

第三部分：实践反馈，案例列举

一、老师分享——圣女果传递的温情

一天晚饭，大班杨老师买了一些圣女果跟大家分享，小朋友像小鸟儿一样张着嘴，老师挨个喂给他们吃，每个人都很开心。杨老师事后也说感觉到自己宛若母亲的心境。吃晚饭的时候，老师就把剩下的圣女果分给大家，每个小朋友只分得两个。有一位同学的外婆也是书院的老师，看到外婆进来，这位同学就把他的两个圣女果都给了外婆。这个孩子平时也很孝顺外婆，每次发了加餐，大家分享食物，只要是能够保存的，他一定留着给外婆。看到孩子的这种孝行，另一位老师彭老师也很感动，就把他自己的给了这位小朋友。没想到，老师和孩子的行为也都被小朋友们看在眼里，过了一会儿，另外一个小朋友恭恭敬敬地走到彭老师身边，把自己的圣女果分给了老师一个。

彭老师当时真是无比感动，觉得这些孩子真是孺子可教。当天，每个小朋友分完两个圣女果之后，杨老师就把剩下的约十来个都给了书院负责杂务的大爷，刘老师每天都跟大爷在一个桌子上吃饭，大爷就把这些果子都给了刘老师，说他自己的牙嚼不动，也不喜欢吃酸酸甜甜的东西。平时大爷对年轻的老师们也是很照顾，常常提醒我们注意身体，讲“儿在外，母心忧”，把自己身体照顾好了，起码家里老人也不用那么担忧；别人给他一点水果、干果，也都大方地拿出来给老师们分享。刘老师拿到大爷给的这些果子，心里也是不安，不能一个人吃那么多呀，那干脆分给孩子们吧，班上九个孩子，正好每人还能分到一个。虽然也只是小小一个圣女果，小朋友也是欢喜对老师表示感谢。这一天，就这样融洽地过去了。第二天中午，厨房给大家准备了菠萝。刘老师来晚了，菠萝已经分完了，有一个小朋友一看到老师来盛饭，就马上把自己的一块菠萝拿过来，要给老师吃。孩子这种细微的举动，让老师真是很感动，因为孩子在这些细微的事情上能够想到尊敬老师，说明“孝亲尊师”的观念已经慢慢在孩子身心里种下了种子，并且表现出来。刘老师打好饭坐下，旁边的李老师又递过来一块菠萝，分享给刘老师。这种同事之间的关照、爱护，点点滴滴，也都是孝悌之道的体现。

二、学生感悟

学生日记一：周五回家前老师给我们留了一个作业——思考《弟子规》的“亲恶我，孝方贤。”我想如果我们每个人都能孝顺父母的话，无论你的父母是否事事顺你的意，你还是很孝顺，那才是真正的孝顺。但是一般情况下，父母都是很爱我们的，我们更应该孝敬父母。

学生日记二：目标——做一个有德有才的人，为国家做贡献，帮助贫困的人，帮助残疾的人。要从现在开始好好读书，孝敬父母，尊重长者，爱护小同学，和同学和睦相处。

孩子写给爸爸妈妈的真情感悟：

1. 妈妈，我知道了，我不跟您发脾气了。生我和妹妹的时候，我知道您很痛苦。妈妈，我一定孝敬您。对不起妈妈，我错怪您了，对不起妈妈，我下次改正。妈妈我知道您身体不舒服，我不打扰您。妈妈，妈妈，您来接我的时候，我会给您大大的拥抱。妈妈，祝您身体健康，祝爷爷奶奶身体健康，万事如意。

2. 爸爸妈妈我以后要做一个温柔的孩子。我要帮爸爸妈妈洗袜子。感谢父母挣钱给我带来快乐，感谢爸爸妈妈为我开启智慧。爸爸妈妈，我以后要照顾爷爷、奶奶。

3. 妈妈，我爱您，那几天都是我错了，我一定会改。我一定会好好照顾您的，妈妈您不用那么累了，那些活让我来干吧！

4. 爸爸妈妈我爱您，从今天开始我知道爸爸妈妈对我有多好。我知道妈妈生我有多苦，我知道怎样报答爸爸妈妈了。

三、家长心声

家长愿意看到的，是孩子越来越能体会到父母的心意，每天把父母装在心里，知道问好、行礼、恭敬，自己照顾好自己，关照别的小朋友，能够成为爸爸妈妈的帮手，将来成为父母可依赖、仰仗，为之自豪的孩子。真正让家长欣喜的，是从孩子身上看到、体会到的种种进步。

1. 纯纯富有爱心，爸爸感冒，她见了哇哇大哭，令全家颇为感动。

——纯纯妈妈

2. 豪豪在家表现很好，帮妈妈拖地板、切菜，我觉得他是一个很好的小助手。

——豪豪妈妈

3. 豪豪跟着妈妈上超市帮助拿东西，把一桶四升的矿泉水提回家。在这里妈妈要对他表示感谢！

——豪豪妈妈

4. 珠珠周末在家表现较好，相较以前依赖姥姥的情形，更加自立了些，但还有待提高。比较关心家人，细心照料家人，提醒家人易忘的事情。

——珠珠妈妈

5. 在家善行：扫地，给妈妈捶腿。珠珠本周在家表现很好，吃饭非常好，不挑食。做作业比上周有进步。早上做一半，下午出去散步回来做了另一半。珠珠很宽容，经常谦让她姐姐。

——珠珠妈妈

案例十一 让孝道走近大学生

据《中国老年报》报道，2006年11月29日，中国老龄事业发展基金会会长、民政部原副部长李宝库走进外交学院，就“弘扬中华孝道，构建和谐社会”进行了演讲。这是继北京大学、中国人民大学之后，李宝库第三次走进高校论坛。

外交学院举行了38次论坛演讲，这次有关孝道的演讲反响最为热烈。一位学生激动地说：“李会长唤起了我们感恩的心。平时我们都习惯了父母对我们的爱和付出，而忽略了对父母的关心和回报。李会长的演讲唤醒了我们。”同学们纷纷表示以后要好好学习，少让父母操心，并通过“每周主动给父母打个电话、报平安”，“在假期多抽时间陪父母”，“承担力所能及的家务”等这些点滴的小事来回报父母。

通过此次演讲，同学们也对现代社会“孝”文化有了新的认识。一位外交系的男生说，随着社会的不断发展，“孝”文化也应当与现代的普遍社会意识相符，不断赋予更新、更广泛的内容，除了赡养老人，满足其物质需求之外，应更多地关心、尊重、理解老年人的精神需求。一位研究生说，现代社会的家庭从“大家庭”结构走向“421”结构，孤独、寂寞的老人在不断增多，而其子女又因各种原因，不能时刻关心年老的父母，因此社会需要孝，要让“孝”在社会形成一种环境，一种风气，带动整个社会敬老爱老。

为了巩固此次演讲的效果，外交学院院长吴建民要求全校学生写一封感恩信，表达自己对亲人的感激之情。

案例十二 北京市大成经典幼儿教育机构：国学启蒙 孝道扎根

“孝是人间第一课，孝能感动地和天，诸事不顺因不孝，一个孝字全家安……”这是大成经典幼儿教育园师生广为传唱的一首孝亲歌曲。这首歌曲的名字叫《跪羊图》。表现的是一只小羊跪在地上吃奶的情景。每当唱起这首歌，师生们内心无不为优美的乐曲和感人的歌词所深深地感染。

以经典国学启蒙为特色的北京大成经典幼教，自成立之日起就把中国传统文化所倡导的“孝道”教育作为教育之根，做人之本。近三年来，大成经典幼教引导孩子们学国学、听国乐、看国画、认甲骨文，唱诵经典唐诗的同时，围绕“孝道”二字开展了丰富多彩的主题活动，让“孝道”教育逐步深入人心。一个以读诵经典孝道文章、讲述经典孝道故事、唱经典孝亲之歌、看孝亲动漫、分享孝道感悟、力行孝道之事、争做孝道之人的教学特色及早教模式已形成。三年来先后被中国关心下一代工作委员会中华传统文化诵读工程评选为“全国经典教育优秀单位”，北京朝阳区教委将其列为“朝阳区精品示范项目”，2009 年被人民日报等单位联合评为“2008 中国婴幼儿早期教育十大影响力品牌”。

在大成经典幼儿教育机构，选拔教师上岗前都有一个不成文的考核项目，那就是孝道，考核教师有没有孝心。其考核的办法是看看教师是不是能清楚记得长辈的生日、知不知道长辈的饮食喜好，长辈生日为长辈做些什么，兄弟姊妹间相处如何，经过初步筛选，再进行其他考核。被选上的老师到大成都感到很荣幸，其文化素养在工作中能得到较快的提升。

“经典教育生活化，生活教育经典化”是大成经典幼儿教育机构的一个基本理念。在孩子心性最好的时候，让孝道的种子深深扎根孩子的心灵，使孩子天天不忘父母恩，时时不忘养育情。为使孝道落实在日常生活中，大成经典幼教提出了“把三个带回家”，即把“孝”带回家，把教学成果带回家，把好习惯带回家。即要求小朋友每日为父母做一件善事，如给爸妈捶捶背、拿拖鞋、倒杯水等等力所能及的小事。让每个孩子每天做到日行一善，并安排固定的时间在园内集体分享。

国学启蒙，孝道扎根；孝行天下，德满人间。这是大成经典全体教师对未来教育的期许。

（成孝和）

案例篇插图：北京市东城区北锣鼓巷小学孝道教育绘画作品选登作者名单

二1班　晏昊晨　　三1班　贾　蕾　　三1班　潘　彤
三2班　张子叶　　三2班　张铭玥　　三2班　陈箬宜
四1班　张筱仪　　四1班　王雨佳　　四2班　高　冉
五1班　于水娇　　五1班　于水天　　五1班　赵京缘
五1班　尤曼卿　　五2班　何诗雨　　五2班　韦雪娜
五3班　董　雪　董京菁　　五3班　顾赵婉郁
六1班　马腾爱　　六1班　陈晓燕　　六1班　宋　霜
六2班　陈澌霄

指导老师：徐建华　王家庆